JN041847

意味と構造が
わかる

はじめての

Differential and Integral Calculus

微分積分

蔵本 貴文
Takafumi Kuramoto

ベレ出版

はじめに

　高校で勉強する数学の中で、多くの人にとって、最も役立つのは微分積分でしょう（以降、微積分）。

　なぜなら、微積分を学ぶことによって、数字から得られる情報が倍以上になるからです。

　得意、不得意にかかわらず、現代人は数字から離れることはできません。お金、利益率、客数、客単価、継続率、平均時間、回転率、稼働率、不良率、こんな様々な数字に囲まれて過ごしているのではないでしょうか？

　微積分を学ぶとこんな数字から、さらに多くの情報を引き出すことができます。

　優秀な人は一を聞いて十を知ると言いますが、微積分を学ぶと元の数字から得られる情報が倍以上になるのですから、優秀に見えるのは当たり前のことだと思います。

　とはいえ、高校の微積分がわからなくてもがっかりする必要はありません。微積分の本質は、高校で習うような複雑怪奇なものではないのです。

　詳しくは本書の1章を読んでほしいのですが、あなたが今まで普通に数字を分析していた方法の中に、微積分の考え方が多く含まれています。

　そうです。差分や累積、それを数学的に体系化したものが微積分なのです。

身の回りの数字にも微積分は溢れていますが、その力が最も発揮されているのは理工学の分野と言えます。車が走るのも、飛行機が飛ぶのも、ビルが建つのも、スマートフォンで通話ができるのも、ロボットが私たちの手助けをしてくれるのも、微積分の力なしにはありえません。

　その中でも現代社会で特に重要なものがコンピュータです。世の中で唯一、生物以外に「考える」ことのできるコンピュータは、社会の至るところで活躍しています。パソコンはもちろん、スマホの中にも、車の中にも、冷蔵庫や掃除機や洗濯機のような家電の中でも働いてくれています。
　つまり、コンピュータは身の回りで私達の生活を助けてくれる仲間のようなものです。その身近な仲間の思考回路を知ることは大事ですよね。職場で同僚や上司、部下の気持ちを理解することが大事なのと同じことです。
　そして、そのコンピュータの思考回路こそが、数学です。数学、そしてその核となる微積分を学ぶことはコンピュータの「気持ち」を学ぶことに役立つのです。

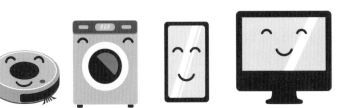

　ご挨拶がおくれました。私は半導体エンジニアとして働いている蔵本貴文と申します。普通、このような数学の本を書くのは、数学の先生や教育者だと思うかもしれません。でも、私はそんな人間ではありません。
　ただ、私は数学無しでは成り立たない仕事をしています。専門分野は「モデリング」という仕事で、三角関数、指数・対数、行列、複素数、そして微積分を駆使して、半導体素子の特性を数式で表す仕事なのです。

　ですから、私は学問としての数学ではなく、「数学を実務に活かす」立場の数学を論じることができます。世の中に数学の専門家が書いた数学のた

めの数学の本はたくさんありますが、一般の人に求められているのは、意外に私が使っているような数学なのではないかと考えています。

　最近、娘が高校生になって、数学や物理を教えることが増えてきました。その中で思うことは、数学が難解である原因は抽象的なところにあることです。
　「この問題がわからない」と言われたときに、一番理解してもらえる方法は、文字に数字を入れたり、グラフを描いたり、図を描いたりして具体化することであると気づいたのです。

　例えば、日本の高校に通う高校生で、いくら数学が苦手だったとしても「1＋2」の計算ができない学生はいないと思います。
　しかし、「$x+2x$」であればわからない学生もいるでしょう。そして「$f(x)+2f(x)$」になると、そこそこ数学ができるはずの学生でも悩む場合があります。これらの計算の本質は全く変わらないのにもかかわらず、です。

　これは文字や記号を使った抽象化が理解の大きな妨げになっていることに他なりません。もちろん、数学は抽象化によって発展してきました。だから最終的には抽象的なものが理解できた方がよいです。
　しかしながら、特に初学者にとってはその抽象化によって、学習を門前払いされてしまうことが多いのです。

　ですから、本書では具体的に記載することに徹底的にこだわりました。xとか、$f(x)$とか、$\frac{dy}{dx}$とか、$\int$とか、抽象化した文字や記号を使わざるを得ない時には、詳しく具体的な説明を加えました。

また、数式は抽象的すぎて嫌われやすいので、本書の2章までは全く数式は使っていません。特に数式嫌いな人にとって、微積分を受け入れやすい説明だと自負しています。

　さあ、微積分の世界にようこそ。微積分の考え方を身につけることにより、数字を扱う能力が向上し、あなたの好奇心を満たし、そしてコンピュータの気持ちの一端が理解できるようになるでしょう。
　それでは、さっそく微積分の本質に迫っていきましょう、と言いたいところですが、もう少しだけまえがきにお付き合いください。あなたのタイプに合わせて、この本の使い方をアドバイスしたいと思います。

本書の読み方

　本書の構成は以下のようになっています。

　構成は基本的に最初ほど易しく、だんだん難しい内容になるようにしています。どこかでわからなくなったとしても、それまでの知識で十分役に立つように配慮しています。読んだ分だけ得るものはあると思いますので、安心して読み進めてください。

　また、「微分は傾きを求めること」など、重要なことはくどいほど何回も繰り返しています。理解している人にはしつこく感じるかもしれませんが、初学者にはこのくどさが理解の助けになると信じています。

　本書は7章構成になっており、以下に各章の狙いを記します。

第1章　微積分はこんな視点を与えてくれる

➡お金の管理や自動車など、身の回りで微積分が使われている実例を示しています。
（数式は使っていません）

第2章　微積分とは何なのか？

➡小学校で勉強する速さと時間と距離の関係から、微積分の意味を説明します。ここが理解できれば、微積分が何かは理解できると思います。
（数式は使っていません）

第3章　なぜ数式を使うのか？

➡2章まで微積分が何なのか理解した後で、微積分を数式で表現する理由について説明します。数式を使うメリットを理解できるでしょう。

第4章　数学の世界での微積分

➡高校の微積分の全体像を示します。ここでは全体像を示すだけで、「な
ぜ」には触れていません。まず、微積分の「森」を見ることに集中し
てください。

第5章　無限の力で微積分は完璧になる

➡4章で説明した微積分の全体像がなぜ成り立つのか、数学的な背景に
ついて示します。なるべくわかりやすく書いていますが、4章までの
内容でも微積分の計算はできるようになっていますので、わからなく
ても気にする必要はありません。

第6章　微分方程式で未来が予測できる

➡「未来を予測する」微分方程式について、数学的に突っ込んだ説明を
します。本書の中では比較的高度な内容になっています。

第7章　微積分のその他のトピックス

➡指数関数や三角関数の微分、積分のテクニックなど、微積分の全体
像を示すためには不要だけれども、微積分の学習としては重要な項目
をまとめました。

　本書は次の3つのタイプの読者を想定しています。それぞれの方につい
て、本書をどのように読めばよいのかお伝えしておきたいと思います。

**①微積分と言われても全く何なのかわからない方、「微積分」が何なのか
知りたくて本書を手に取られた方**

**②数学の授業をより理解する目的で、予習・復習・教科書の補助教材と
して手に取られた学生の方**

③数学をより深く理解したい数学が得意な方、または数学をわかりやす

①微積分と言われても全く何なのかわからない方、「微積分」が何なのか知りたくて本書を手に取られた方へ

あなたはもしかすると数式が得意ではないのかもしれません。でも安心してください。この本の1章と2章は、数式を使わずに書いています。これを読むだけでも、微積分がどのような考え方なのか、微積分が世の中でどのように役立っているのかがわかるはずです。

そして、できれば3章にもチャレンジしてもらえると完璧です。ここまでわかれば、数式が使えなくても微積分が理解できたと言えると思います。

もちろん興味がわけば、4章以降の数式を使った微積分にもチャレンジしてみてください。そこには数学の深い世界が広がっています。

この本を読んだゴールとして、実は「変化」や「累積」を見ることが微積分の考え方であること、「はじき」（速さと時間と距離）の関係の中に微積分の本質があること、数式は嫌われがちだけれども役にも立つことの理解を到達点にしましょう。

自分達も微積分の考え方を使っているのだ、と思えば微積分も身近に考えられるようになると思います。数式だらけの暗号のような微積分だけが、微積分ではありません。

②数学の授業をより理解する目的で、予習や復習、教科書の補助教材として手に取られた学生の方へ

あなたは多分、ある関数を微分する問題があったら微分することはできるのでしょう。そして面積を求める積分の問題があったら、計算することもできるのでしょう。しかし、その計算に何の意味があるのかわからずに、モヤモヤしているのではないかと思います。

そんなあなたは1章と2章をさっと読んだ後に、3章をしっかり読んでください。ここには数式が存在する意味が書かれています。ここが理解でき

ると、関数とはどのようなものなのか、なぜ数式のような面倒に思えるものが存在しているかがわかるでしょう。

　そして4章がハイライトです。4-5節の「微積分の構造」を理解できれば、今までバラバラだった微分や積分の関係が、一気に整理されて頭に入ることをお約束します。

　5章、6章はやや難しいかもしれませんが、これを理解しておくと極限や微分方程式といった、微積分の核となる部分に触れられます。また7章は微積分の構造を示すという本書の本流からは外れますが、特に理工系の道に進む方には必須の項目です。

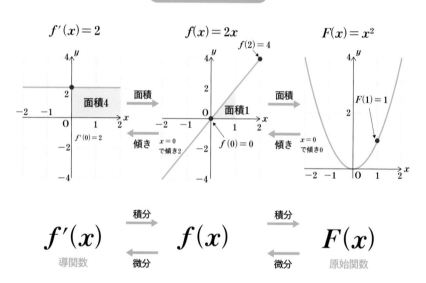

微積分の構造　※本文116ページに出てきます。

③**数学をより深く理解したい数学が得意な方、または数学をわかりやすく伝えたくて手に取られた数学の教員の方**

　「はじめに」で説明した通り、私は数学を使うエンジニアであって、数学の専門家ではありません。そのため、数学的には厳密でなかったり、乱暴だったりする部分も目につくかもしれません。しかし、そんな数学観もあるのだと、楽しんでいただけますと幸いです。

　数学が難しいのはその抽象性の高さにあると考えています。ですから本

書では徹底的に具体的にすることにこだわりました。もし、他に微積分を具体的にする手段など考えられましたら、ご教授いただけますと嬉しいです。

　また、数学教育に携わる方に向けてお伝えしたいことは、微積分が難しく感じられる理由の一つは、学ぶ順序ではないかということです。教科書では極限→微分→積分の順に教えられます。しかしこれでは難解な微分の定義で学生が疲れ果てて、学ぶ意欲をなくしてしまうのではないでしょうか？
　だから本書では、積分は面積を求めること、微分は傾きを求めることという微積分の役割を最初に示しました。その後、計算方法を解説し、最後に微積分の定義について説明するという逆の順番にしています。
　個人的にはこの順番が初学者にとって一番理解しやすいのではないかと考えています。もしご意見があれば、ご連絡いただけますと幸いです。

INDEX

目次

微積分は
こんな視点を
与えてくれる

BIBUN
SEKIBUN

Chapter

1

微分積分を学ぶにあたり、まず知りたいことはそれがどのようなものか、どのように役立っているのかということだと思います。だから、この章では数式をほとんど使わずに、微分や積分の思想が理解できる例を紹介していきます。

微分や積分的な考え方は数字を解析する一つの手段です。それは世の中で広く使われていて、あなたも微分や積分の考え方を知らないうちに使っていることと思います。この章を読んで頂くと、微分や積分の視点が数字を分析するのに役立つこともわかることでしょう。

「あれっ、それは微積分の考え方なんだ」と感じていただければ、この章の目的は達成されたと考えています。

1−1　ウイルス感染を微積分で見る

　下の表は、ある地域でウイルスに感染した人の数を、時系列で示したものです。

2月1日	2月2日	2月3日	2月4日	2月5日	2月6日	2月7日	2月8日	2月9日	2月10日	2月11日
120人	140人	160人	240人	200人	180人	240人	280人	330人	240人	150人

　この表を見て何がわかるでしょうか？　なんとなく新規の感染者数は増加しているということ、増減を繰り返していることがわかるかもしれません。

　でも実際は、「何がどうなっているのかよくわからないよな……」と感じる人がほとんどではないでしょうか？　こういうとき、このような数字のデータはグラフ化してみるとイメージしやすくなることが多いですね。

　ですから、棒グラフにしてみます。

新規感染者数

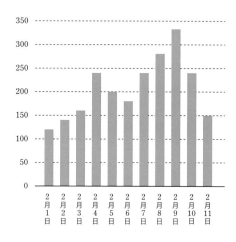

　このようにグラフにして見ると、先ほどは数字の羅列に過ぎなかった感染者数が理解しやすくなります。増減がわかりやすくなるのです。

例えば、このグラフで2月4日と7日と10日の新規感染者数は同じ240人ですが、その数字の意味は違って見えることでしょう。

新規感染者数

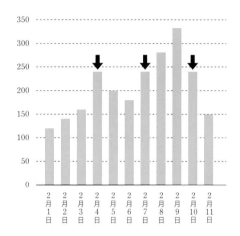

　4日はピークの値のように見えますし、7日は増加していく過程に見えます。そして、10日は減少していく過程にありそうです。このように同じ240人でも意味合いは変わってきます。

　この変化は240人という数字だけを見ていては、見えてくることはありません。まわりの数字からの変化に着目して初めてわかるものです。実はこれが微分の考え方なのです。

　微分的な考え方について、もう少し詳しく説明します。次の図を見てください。
　今度は新規感染者数の前日からの増減を比較したグラフを作ってみました。このグラフでは、例えば2月3日と4日を比較すると新規感染者が80人増えているから2月4日は＋80人、2月4日と5日を比較すると新規感染者が40人減っているから－40人という方法でグラフを描いています。

　このように、新規感染者数のグラフから、増減のグラフを作ることが、

「微分」です。「微分」は増減に着目すること、と言い換えてもよいかもしれません。

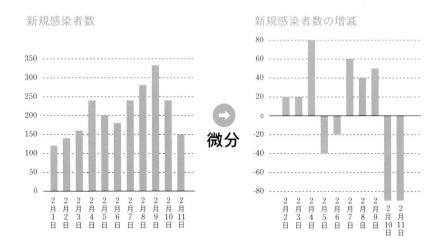

新規感染者数　　　　　　　　　　　　　新規感染者数の増減

微分

「微分なんて全然わからないよ」という方だって、数字を見て前後の変化に着目することは自然に行なっているのではないでしょうか？

　微分はこの考え方に他なりません。数学の微分はこの方法を数学的に厳密に定義したものにすぎないのです。

　そもそも、グラフにすること自体が、微分的なものの見方を後押しするためにあると考えることもできます。

　この新規感染者数は最初、ただの数字として表に示しました。その数字より棒グラフにすると、ずいぶん見やすくなったと感じられたと思います。これは前後のデータとの大小が視覚的に比較できるからです。

　だから、グラフ自体が微分的なものの見方に役立つといえるのです。

　微分のイメージをつかんでいただけたでしょうか？

　次に積分の考え方です。微分は変化に着目しましたが、積分は和に着目します。

先ほどの感染者数の話において、1日から11日までの新規感染者を全て足し合わせると、この期間に新規感染した人の数は2280人であることがわかります。

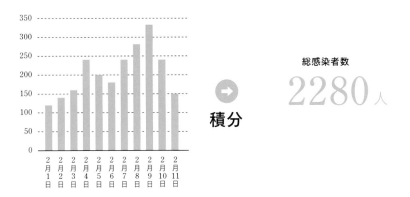

新規感染者数

総感染者数
2280人

積分

　この新規感染者の数から、総感染者数の数字「2280人」を計算することが、積分を意味しています。
　感染者数を議論する時に、総感染者数（累積数）を計算してみることが重要であることは言うまでもないでしょう。累積数によって判断が変わってきますからね。その重要な数字を算出するのが積分なのです。
　累積数の重要さをもう少し説明します。

　例えば、次の2つのグラフを見てください。1つ目のグラフは毎日同じ新規感染者数が続いていて、2つ目のグラフでは急激に増加して、急激に減少しています。
　一見、AとBは似ても似つかないように見えます。しかし、実はこのAもBも総感染者数は2200人で全く同じなのです。

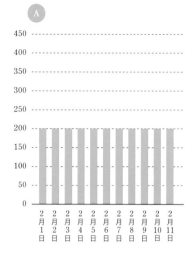

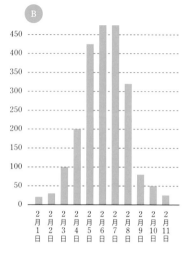

　このように、グラフからは全く同一のものと思えないAとBが「総感染者数2200人」という同じ指標でくくれることになるわけです。

　あなたが行政や医療の担当者であったとしたら、この2200人が人口のどのくらいの割合なのかを計算して、集団免疫の獲得状況を推定することができるでしょう。

　この新規感染者数のような数字を眺めた時に、ある1日の新規感染者数しか見ない人と微積分の考え方がわかる人、すなわち変化や累積数を含めて分析する人では、同じ数字でも得られる情報が変わってくることがわかると思います。
　同じ量のデータ（数字）を見て1を知るか、10を知るかは数字を分析するテクニックをどれだけ持っているかにかかっています。その中でも微積分の果たす役割は大きいのです。

1 – 2　車の中で使われている微積分

　普段、私たちが何気なく使用している道具や機械の中にも微積分はたくさん使われています。ここでは車の中で使われている微積分について紹介します。

　最近は自動ブレーキを搭載している車も増えてきました。これはほかの車やモノにぶつかりそうになった時に、車が自動的にブレーキをかけてくれるものです。あるととても安心ですよね。

　自動ブレーキをかける時の検出システムとして、ミリ波レーダーがよく使われています。これはミリ波と呼ばれるパルス状の電波を出して、モノに当たって跳ね返ってくるまでの時間から、そのモノまでの距離を測るものです。

　電波の速さは光と同じ速さで一定ですので、電波を出して前の車に当たって、跳ね返ってくるまでの時間を計れば前の車との距離がわかるのです。

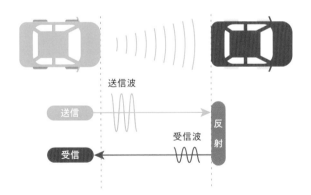

　電波というと難しく感じますが、要はボールを投げて戻ってくるまでの時間で、距離を測っていると考えてください。原理は同じです。

　例えば次の図のように秒速20mのボールを投げて、壁で跳ね返り戻ってくるまでに5秒かかったとします（速さは一定とします）。すると壁までの

距離は50mと求められるわけです。これと同じ原理です。

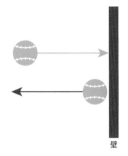

秒速20mのボールが跳ね返り戻って
くるまで5秒かかる（速さは一定）

$$20\text{m/秒} \times 5\text{秒} \div 2\text{（往復）} = 50\text{m}$$

壁

　しかし、ここで疑問に思わないでしょうか？　例えば、この方法を使って100m先に他の車があることがわかったとします。自分の車は高速道路で時速80kmで走行中です。

　前の車が同じ速さで走っていたら100mも車間距離があれば問題はありません。でも、その車が止まっていたら大変です。すぐに自動ブレーキを作動させなければなりません。

　でも、このボールを投げて戻ってくるまでの時間を計る方法だと、その物体との距離しかわからないのです。こんな時にはどうすればよいでしょうか？

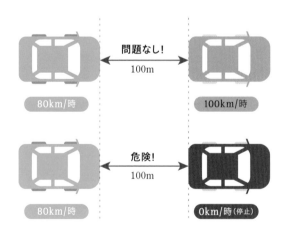

問題なし！
100m
80km/時　　　　　100km/時

危険！
100m
80km/時　　　　　0km/時（停止）

答えは例えば0.01秒といった非常に短い時間感覚で距離を測ってやるとよいのです。すると、図のように相手の車に近づいているのか、そうでないのか。そしてその速さまで知ることができます。

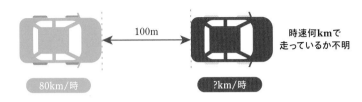

0.01秒の間に車間距離100mが99.8mになった

$$近づく速さは \frac{100-99.8}{0.01} = 20m/秒 = 72km/時$$

　上の例だと、0.01秒に車間距離は0.2m縮まっていたとすると、車間距離は72km/時の速さで縮まっています。つまり、前の車は8km/時と渋滞のような速さで走っており、追突の危険性が高いことがわかるわけです。

　ここで行なった距離から速さを求める計算、つまり短い時間間隔で変化した距離から速さを求めることが「微分」に相当するのです。

　もう一つ車の中の例を出しましょう。
　車を使われる方の多くが車にカーナビゲーションシステム（カーナビ）をつけていると思います。スマホアプリでも代用できますが、車のディーラーでつけてもらうカーナビは精度が高いです。この精度の高さに積分が貢献しています。

　車もスマホも同じですが、今自分がどこにいるか知るためにGPSという仕組みを利用しています。これは複数の衛星からの電波を受信して、その情報から自分の位置を計算するものです。

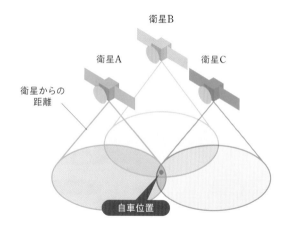

衛星B

衛星A　　　衛星C

衛星からの
距離

自車位置

　1つの衛星からの電波を受けると、その衛星から自車までの距離がわかります。しかし、1つの衛星からの距離だけでは1点に特定できませんので、3つの衛星の電波を受信して、自車の正しい位置を求めます。

　しかしながら、これは電波がうまく受けられる位置でないと、うまく動作しません。例えば、トンネルの中では衛星からの電波を受信できないので、自車の位置が正しくわからないのです。

　精度が高いカーナビでは、こんな時でもある程度正確に自車の位置を知ることができます。これはなぜでしょうか？

　実はこの手のナビでは、GPSの情報を補完させるために、車を制御するコンピュータから車の速さの情報を取っているのです。例えば、ある瞬間の速さは50km、次の瞬間の速さは60kmとナビは車の速さをモニターしています。その情報を使って車の位置を正確に求めるのです。

今、42km/時で
走っているよ

OK、ありがとう
時間と速さの
関係がわかった

速さ

時間

「うんうん」と納得してくれましたでしょうか。しかし、よく考えると少しおかしいところがあるのがわかります。

　というのも、カーナビが知るのは速さの情報です。速さがわかっても、進んだ距離はわかりません。もちろん、「時速50kmで1時間走った」というのであれば、進んだ距離は50kmとわかります。でも、実際はトンネルを走るときでも、どんどん速さは変化しています。その変化する速さはわかっても、進んだ距離はわからないはずですよね。

　実は、ここで活躍するのが積分です。例えば0.01秒といった短い間隔で車の速さをモニターします。確かに車の速さはすぐに変わるのですが、さすがに0.01秒だと急ブレーキなどよほど特殊な状況を除いて、同じ速さとみなしてよいでしょう。

　一定の速さとみなすと、その0.01秒に進んだ距離はわかります。それらを足し合わせて、車が1分とか5分とか、それより長い時間に進んだ距離を知るのです。

この距離を足し合わせる

　例えば、上の例では短い間隔の時間を1秒に取っています。車の速さは時間によって変化します。しかし、時間を短い時間に分けて、1秒の間は一定の速さで走っていると考えます。そして、1秒の走行距離を求め、その走行距離を足し合わせて、移動距離を求めるのです。

　もうお気づきかもしれませんね。このように、短い時間に分割して、速さから距離を知る方法が積分なのです。

　この他にも車の中では、エンジンの制御、冷却水の温度コントロールなどにも微積分が使われています。微積分がないと車は動かせない、というほど微積分は重要なのです。

1-3

お金の流れを微積分で分析する

　次に微積分の力はお金の計算にも役立つ、という話をします。

　ある人がラーメン屋を営んでいて、ある月に50万円の利益が出たとします。これは多いでしょうか、それとも少ないでしょうか。しかし、これだけでは判断できませんよね。

　でも、このラーメン屋の前月の利益が40万円であったとすると、25%も増えているから、50万円という収入は多いのかなと考えられます。一方、前月が60万円だとすると20%近くも減っていますから、少ないわけです。

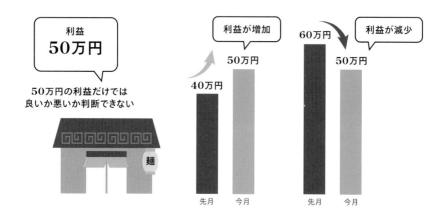

　このように、毎月の利益などのお金の数値を分析する時に、その絶対額だけでなく増減を管理することは重要です。同じ利益であっても、増加する傾向にあれば、今の方針で商売を続けていけばよいと考えられるでしょう。一方、利益が減少する傾向であれば、何か手を打たないとどんどん利益が減っていってしまうかもしれません。

　お金の流れはある瞬間の数字を見るだけでは適切に判断できません。過

去のデータと比較して、その増減を確認して判断しないといけません。

　このように収入のグラフから、増減を知ることが微分なのです。

　そして次は積分です。積分も数字を分析する上で欠かせない視点です。

　次のように1月から12月までの利益のデータがあります。このデータは微分して各月の増減を知ることもできますが、積分でも重要な数字を与えてくれます。

　この利益を1月から12月まで積分してみましょう。すると、積分した数字は1年分の利益になります。各月の増減も大事ですが、1年を通して利益の累積がいくらになったかという視点も重要です。積分はその累積という視点を与えてくれるのです。

　また、積分は期間を変えて行なうこともできます。この場合1月から6月までの積分（合計）、7月から12月までの積分（合計）を比べると1〜6月までの方がわずかに利益が大きいことがわかります。

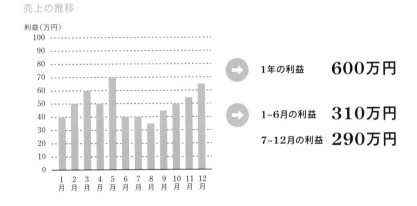

売上の推移

利益(万円)

1年の利益	600万円
1~6月の利益	310万円
7~12月の利益	290万円

　ただの利益の数字だけを見ていると、月○○円の利益という1つの情報しか得られません。しかし、微分によって「変化」、積分によって「累積」という情報も得ることができるわけです。

　1つの数字を見ている人と3つの数字を見ている人の分析のレベルが同

じわけがありません。このように微分積分を使うことができると、数字の分析のレベルが上がることがわかるでしょう。まさに1を聞いて1を知る人と1を聞いて10を知る人の差が出るのです。

　でも、微分積分は知らなくても「変化」や「累積」という考え方は普段から使っているという人も多いと思います。

　そうです。微分積分という数学の言葉を使うと難しそうに聞こえますが、実は数字を分析する時に、普通に微分や積分の考え方を使っているのですね。

　さらに、この利益の話から、微分積分の重要な性質を知ることもできます。

　下に先ほどとは違う店の利益の推移の図を示します。0以下の数字は損失、つまり赤字を示します。

お店の利益の推移

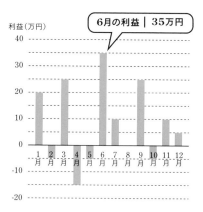

　そしてお店の銀行口座の預金が次の図になります。利益は全部この口座に蓄えて、損失が出た月はこの口座のお金を切り崩すとします。なお、最初の口座残高は100万円だったとしています。

お店の銀行預金残高の推移

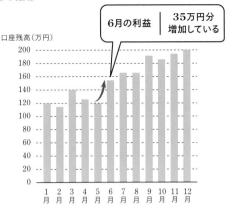

この時、口座の残高の変化を見る、すなわち残高を微分することにより、その月の利益を出すことができます。つまり、6月の預金残高は5月と比べて35万円増えています。これが6月の利益35万円に相当するわけです。

つまり、口座の残高を微分することにより、月々の利益のグラフが得られるということです。

次に利益の推移のグラフに注目してみましょう。このグラフを1月から12月まで足し合わせます。つまり、累積を求めるので、積分するということですね。1月から12月までの利益を足し合わせるわけですから、1年の

お店の利益の推移

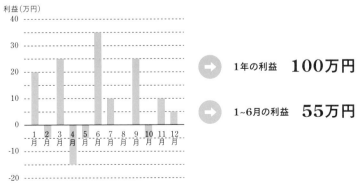

利益である100万円という数字が出てきます。

　この100万円に最初に口座に入っていた100万円を足すと200万円になります。これが12月の口座の残高になります。
　さらに、1月から6月までの利益を足してみることを考えましょう。つまり、1月から6月まで積分するということです。
　この時、累積の利益は55万円となります。そして、それに最初から入っていた100万円を足すと、6月時点の口座の残高は155万円とわかります。

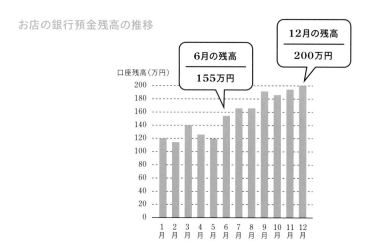

お店の銀行預金残高の推移

　このように、各月の利益を積分すると口座の残高になります。そして、逆に口座の残高を微分すると、各月の利益となるわけです。
　つまり、微分と積分はかけ算とわり算と同じような逆演算になっています。この数学的に重要な性質が、こんな簡単な例にもはっきりと表れているのです。

1-4 スマートフォンの中の微積分

　微積分は至るところで使われていますが、特にコンピュータの中では効果的に使われています。

　というもの、コンピュータはデジタルの世界、0と1の世界に生きています。つまり、世界の全てを数字で認識しているのです。だから、その数字を解析するために、数値を微分したり、積分したりしています。

　今、身の回りで一番身近なコンピュータはスマートフォン（スマホ）でしょう。スマホは小さくはありますが、巨大なスーパーコンピュータと同じようなコンピュータと考えて間違いありません。

　そのスマホで写真を撮ることを考えましょう。人間が見ると写真は確かに写真ですが、スマホの世界ではそれは数字でしかありません。

　一枚の写真は例えば縦500×横500といった点（画素と呼ばれる）に分けられており、その点の塊として表現されています。パソコンをお持ちの方であれば、写真をどんどん拡大していくと、最後は画素になっていることを確認できるでしょう。

拡大　　　拡大

デジカメ写真

　色に関してはわかりやすいように白黒の写真で説明します。これは真っ黒から真っ白まで色を例えば256段階（2×2×2×2×2×2×2×2）に分けて、その数字の塊として表現するのです。この場合、数が大きい方が明る

い色になります。

　人間が見ると写真ですが、コンピュータの中ではただの数字です。これはコンピュータの中ではなんでも同じで、音声だろうが動画だろうが、すべて数字で表現されています。

230	229	229	184	236
190	189	54	98	183
189	187	186	94	90
236	236	185	186	230
235	236	186	182	231

写真も全て
数値データ

　さて、最近のコンピュータは優秀で、まるで人間のように画像や動画を解析しているように見えます。そのプロセスに微積分が使われているのです。

　例えば、写真の中から顔を認識する技術があります。下のような写真から、コンピュータはどうやって顔を認識しているのでしょうか？

著者近影

こんなところにも微積分の考え方が使われています。例えば、写真の顔と風景の輪郭を把握する方法です。

　写真のAとBの直線の部分の明るさの数字を取り出して、下のようなグラフにしてみました。

　Aの線は背景の比較的暗い部分から、肌の明るいところに変わっているので明るさの変化は大きいです。一方、Bの線は背景の暗い部分から、髪のさらに暗いところに変化しており、明るさの変化は小さいです。

　人の目で見ると、どこが顔の輪郭かはすぐにわかりますが、これをコンピュータにわかるように表現するのは簡単ではありません。

　例えば、顔でも風景でも明るいところと暗いところがあるので、120以上が顔、それ以下が風景、などと簡単に分けることはできません。

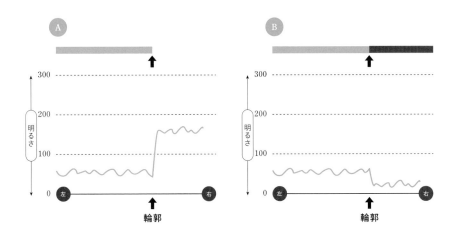

　でも、これを微分値で見るとはっきり区別できる場合があります。

　先ほどの明るさの数字データを微分してみます。ここでいう微分とは隣の画素との差をとることです。すると顔と風景の輪郭の部分では明るさの差が大きくなっていて、ピークが出ていることがわかります。これを認識して、コンピュータは物体の輪郭だと認識することができます。

　明るさの大きさのみに着目していると、どこが輪郭か認識することは難しいです。

　しかし、明るさの数字を微分して「差」を見ることにより、輪郭を認識することができるわけです。

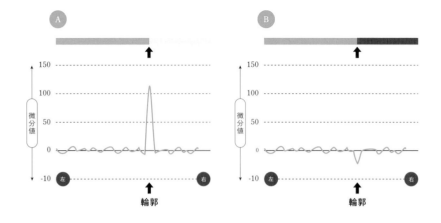

このように、コンピュータの中では、得られたデータを微分して情報量を増やすことが行なわれています。そうやって、データを解析すると精度を高めることができます。特に数字だけの世界にいるコンピュータにとって、微積分はなくてはならない武器なのです。

次に、スマホの中で微積分が使われている例をもう一つ紹介します。

それはバッテリーの容量です。スマホではバッテリーの容量が「62%」などと細かく表現されていて、あとどのくらい使えるか細かく把握できるようになっています。この数字の算出に積分が使われています。

その前に前提として、電気や電池がどのようなものか簡単に説明します。

電気の正体とは電子と呼ばれる粒です。これが電池のマイナス極からプ

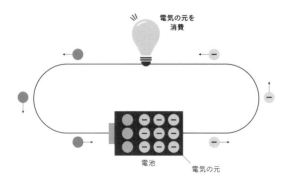

ラス極に流れていて、それがいわゆる電流と呼ばれます。

電池は化学反応により、電流の元である電子を蓄えている「池」と考えてもらえばよいでしょう。池の中から電子を流しているので、貯まっている電子を全て流すと空になってしまうし、外から電子を補給して「充電」してやることもできます。

だから、流れている電子の数を数えてやれば、池にどのくらいの電子が残っているか把握できるわけです。

しかしながら、電子の数は直接数えることはできません。わかるのは「電流」だけで、電流とは1秒ごとにどれだけ電子が流れているかという数字になります。

もちろん、ずっと流れている電流が一定だと電子がどれだけ流れたか把握することはできます。例えば、1秒間に1000個の電子が流れているとして、その状態が1分間続けば1000個×60秒で60000個の電子が流れたとわかるのです。

しかし電流は一定ではありません。ただの待ち受け状態だとあまり電流は流れませんし、動画を見ている時など、フルにスマホの機能を使っている時には電流はたくさん流れます。

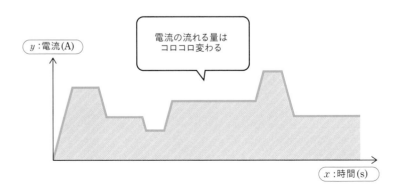

だからどうするかというと、車の速さの例と同じです。短い間隔ごとに流れている電子の数を求めて、足し合わせます。電流はコロコロ変わるのですが、さすがに0.01秒とか短い時間だと一定と考えられるでしょう。これがまさに積分なのです。

　写真や電池の例のように、スマホの中でも微積分はフルに利用されています。微積分というと、数学の時間に勉強する役に立たないもの、というイメージがある人も多いかもしれませんが、「これなしで世の中は動かない」というほど重要なテクニックなのですね。

微積分とは
何なのか?

Chapter

2

1章でも見てきたように、微積分を勉強する上で一番わかりやすい題材は「速さと時間と距離の関係」です。他にも微積分の関係にある量はたくさんあるのですが、これらの量が一番身近で実感しやすいからです。

特に微分量である「速さ」が実感としてわかりやすいことがよいです。あなたは「速さ」と聞いて、感覚的に理解できるでしょうか? きっと Yes ですよね。それだったらあなたは微積分も実感できるはずです。
この章ではまだ本格的には数式は使いませんので、数式が苦手な人でも安心して読み進めてみてください。

2−1 「はじき」の関係は微積分

　微積分を理解するのには、速さと時間と距離の関係が一番わかりやすい例だとお話ししました。しかし、これら関係をしっかりわかっていなければ、微積分も理解できません。まずはその復習から始めたいと思います。

　小学校の時に、速さと時間と距離の関係として「はじき」の法則を習ったことを覚えているでしょうか？　この「は」は速さの「は」、「じ」は時間の「じ」、「き」は距離の「き」を表しています。
　人によっては順番が違って「きはじ」と習ったり、距離を「道のり」と呼んでその頭文字の「み」を使って、「みはじ」と習っている人もいるようです。これらは全て同じことを言っています。

　例として、車が120kmを3時間で走ったときのことを考えてみます。この時に車の速さを求めてみましょう。
　「はじき」の中から「は」（速さ）を消すと図のように「$\frac{き}{じ}$」が残ります。だから、距離÷時間が速さというわけですね。代入して120km÷3時間を計算してやると、答えは40km/時となります。

き（距離, km）÷ じ（時間, h）= は（速さ, km/h）

120km ÷ 3時間 ＝ 40km/時

　次にこの車の例で時間がわからなかったとします。つまり、車が120km
の距離を40km/時の速さで走りました。この時にかかった時間を求めまし
ょう、という問題です。
　この時は「はじき」の関係から時間、つまり「じ」を消すと、図のように
「$\frac{き}{は}$」が残ります。距離÷速さということですね。だから120km÷40km/
時を計算して、答えは3時間となります。

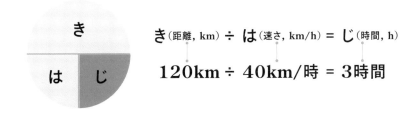

き（距離, km）÷ は（速さ, km/h）= じ（時間, h）

120km ÷ 40km/時 ＝ 3時間

　最後にこの車の例で距離がわからなかった場合です。つまり、車が
40km/時の速さで3時間走りました。この時に走った距離を求めましょう、
という問題です。
　この時は「はじき」の関係から距離、つまり「き」を消すと、図のよう
に「は｜じ」が残ります。だから、速さ×時間ということで、40km/時
×3時間を計算して、答えは120kmと求められるわけです。

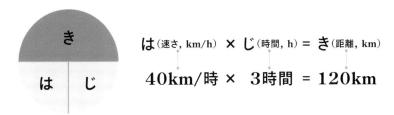

は（速さ, km/h）× じ（時間, h）= き（距離, km）

40km/時 × 3時間 ＝ 120km

ここまで計算の仕方はわかりましたでしょうか？　ではどうしてこの「はじき」の計算が成り立つのかを理解していただくために少し補足をします。

　ここでは、ちょっと難しいと感じる人の多い「速さ」について見ていこうと思います。距離は長さですし、時間は時間です。この概念は問題ないでしょう。一方、「速さ」という概念はイメージしにくいものかと思います。

　例えば学生の時の50m走を思い出してみてください。A君は8秒で、B君は10秒だったとします。当然A君の方が足が速いわけです。

　そして、速さはある時間で走れる距離を指します。A君は50mを8秒で走るから、1秒に50÷8で6.25m走っています。一方、B君は1秒に50÷10で5mしか走れません。

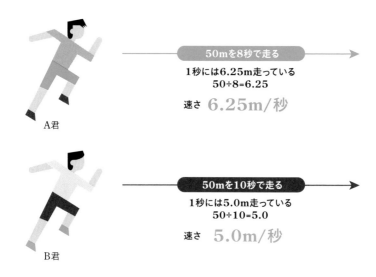

　速いものと遅いものは感覚的に理解できると思います。その速いものと遅いものを数字で比較する時には、単位時間、この場合には1秒に走れる距離を指標にするのです。

　なぜなら、単位時間にしないと距離が違う時に速さの比較ができないか

らです。例えば、200mを40秒で走るCさんと100mを25秒で走るDさんのどちらのスピードが速いでしょうか？　先ほどの50m走の例では走る距離が一定なので、かかる時間が短い方が速いということでよかったのですが、この場合は走る距離が違うので単純に比較できません。

　なので、距離÷時間（$\frac{き}{じ}$）を計算して、1秒にどれだけ走っているかを比較します。この場合200mを40秒で走るCさんの速さは5m/秒で100mを25秒で走るDさんの速さは4m/秒です。だから、200mを40秒で走るCさんの方が速いとわかるのです。

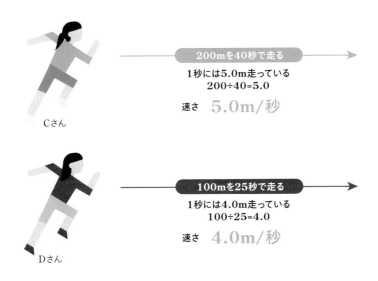

Cさん

200mを40秒で走る
1秒には5.0m走っている
200÷40=5.0
速さ　5.0m/秒

Dさん

100mを25秒で走る
1秒には4.0m走っている
100÷25=4.0
速さ　4.0m/秒

　速さ、時間、距離の復習はできたでしょうか？　それでは微積分の話に戻りますね。

　結論は簡単です。速さを距離÷時間で求めた計算、これが「微分」です。そして、距離を速さ×時間で求めた計算、これが「積分」なのです。
　言葉を変えると、時間で割る計算が「微分」で、時間をかける計算が「積分」と言えるのです。つまり、微分はわり算、積分はかけ算なのです。

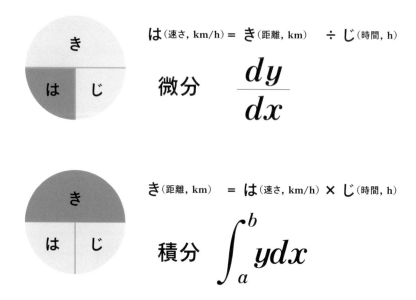

$$は(\text{速さ, km/h}) = き(\text{距離, km}) \div じ(\text{時間, h})$$

微分 $\dfrac{dy}{dx}$

$$き(\text{距離, km}) = は(\text{速さ, km/h}) \times じ(\text{時間, h})$$

積分 $\displaystyle\int_a^b ydx$

　もしかしたら、頭に「？」がでているかもしれません。でも、その「？」は本書を読み進めると解決されます。とても重要なので繰り返しますが、時間で割る計算が「微分」で、時間をかける計算が「積分」です。このことはしっかり頭に入れて、次に進んでください。

2-2 積分は面積を求める「すごいかけ算」

　先ほど、速さと時間をかけて距離を求める計算、つまり「40km/時×3時間＝120km」という計算は積分です、という話をしました。

　そしてこの節のタイトルは「積分は面積を求めるすごいかけ算」。一見関係がなさそうなこの2つの話を結びつけましょう。これにはまずグラフを理解してもらわないといけません。

　下の図はある車の時間と速さの関係を示したグラフです。

　このグラフの説明をしましょう。横の軸が時間を表しています。そして縦の軸が速さを表しているのです。この例の場合、出発時（0秒）は止まっていて0km/時、10秒後は40km/時、40秒後は20km/時ということがわかります。

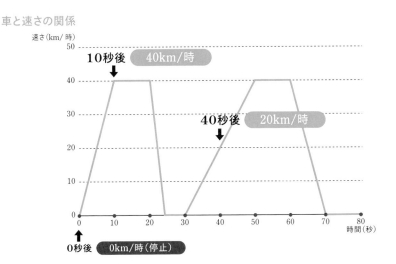

　ここで、次の図のAとBの区間を見てください。Aの区間では10秒で0km/時から40km/時に加速しています。そして、Bの区間では20秒で同じように0km/時から40km/時に加速していることがわかります。

この時、様子を想像してみてください。Ａの方が短い時間で加速しているため急加速で、Ｂは緩やかな加速です。このグラフから、こんなこともわかるのです。

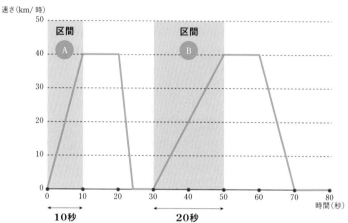

車と速さの関係

それでは次の図のＣとＤの区間はどうでしょうか？　Ｃでは4秒で40km/時から停止まで減速しているので、結構な急ブレーキであったことがわかります。何か急に飛び出してきたのでしょうか？　Ｄ区間では10秒で停止しているので、通常の信号待ちか何かなのでしょう。

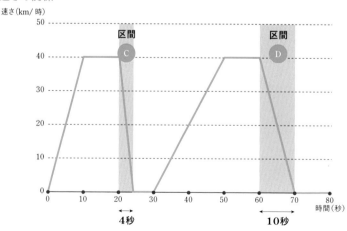

車と速さの関係

このグラフでこんなことがわかるのです。グラフを見て、車の動きをイメージできるようになってくださいね。

　それでは積分の話に戻ります。
　グラフを使って「40km/時で3時間走る車」を表現すると、下のようになります。
　先ほどは速さが上がったり下がったりしていましたが、この場合は速さが一定で40km/時となっています。そして、横軸の時間の単位が1時間になっていることにも注意してください。

車と速さの関係

　この時の走行距離は「40km/時×3時間＝120km」となりますが、これはグラフの長方形の面積を求めていることがわかるでしょうか？
　つまり、時間と速さのグラフの面積が、距離を表しているということです。

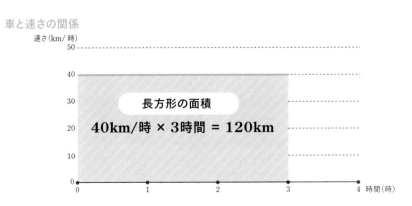

車と速さの関係

これは時間によって、速さが変化する場合にもあてはまります。

例えば、少し考えづらくはありますが、下のグラフのように車が3時間かけて、40km/時まで加速していったことを考えましょう。

この時グラフは三角形になります。だからこの部分の面積は「（底辺）×（高さ）÷2」で3時間×40km/時÷2＝60kmとなります。そして、この60kmが確かにこの時の移動距離となっているのです。

車と速さの関係

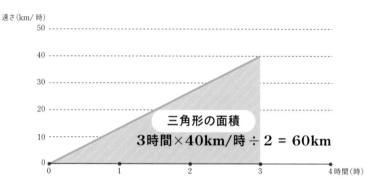

面積を求めるというと、単に四角形とか三角形とか円とか図形の面積を思い浮かべるかもしれません。しかし、このようにグラフの面積を求めることにより、距離などの物理量を求めることもできるのです。

だから、面積を求めることには大きな意味があります。そして、その面積を求めるテクニックこそが積分です。

今までの例だと、グラフの面積が長方形であったり、三角形であったり、簡単に面積が求められる図形でした。しかしながら、本当の車はそんな動きはしませんよね。

3時間ずっと40km/時で走るとか、3時間かけて0km/時から40km/時まで一定に加速するなんて、そんなことはないでしょう。例えば、次の図のようにもっと複雑な動きをするはずです。

この時もグラフの面積を求めれば距離になります。でも、この面積をどうやって求めるのでしょうか。簡単にはわかりませんよね。

そこで、このような複雑な図形の面積を求めるための方法があります。それこそが積分なのです。積分を使うと、こんな複雑な曲線の面積も求めることができるというわけです。

車と速さの関係

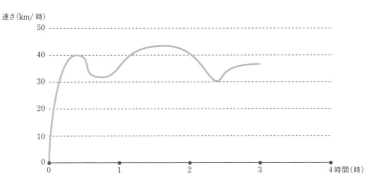

　長方形の面積を求めるのであれば、簡単に縦×横というかけ算で面積を求められます。でも、そんな簡単ではない複雑な図形の面積を求めるテクニックが積分です。だから私は積分を「すごいかけ算」と呼んでいるのです。

　ちなみにこんな複雑な図形の面積をどうやって求めるのでしょうか？
　すごいかけ算といって、魔法のようなテクニックを想像したかもしれません。でも、実際はそんな難しいものではないのです。聞くと、「なんだー、そんな小学生でも思いつきそうなやり方かー」と残念に思うかもしれません。

　それではその方法を説明します。
　曲線で囲まれた面積は簡単に計算ができないので、次の図のように長方形に分割することを考えます。そしてその長方形の面積を足し合わせます。
　でも、パッと見て、これでは正確な計算ができていないことがわかるでしょう。なぜなら、矢印で指している部分の面積が計算できていないからです。だからここは誤差になってしまいます。

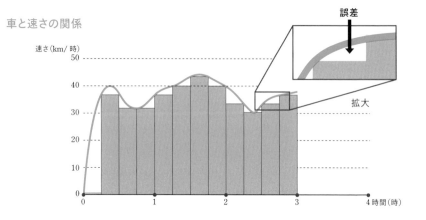

車と速さの関係

この誤差を小さくするためにどうするか？　仕方がないので、次の図のように、より多くの長方形に分割するわけです。このくらい多くの長方形に分割すれば、まだ誤差は残るものの、ある程度正確な数字になっているでしょう。

このように誤差がある程度少なくなるところまで細かい長方形で分割して、その長方形の面積を足し合わせるわけです。

車と速さの関係

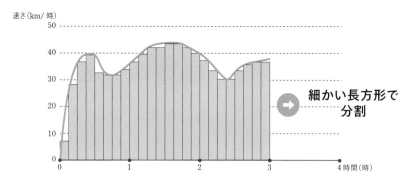

これが積分の正体です。

ここでは積分は「面積を求めるテクニック」であること、積分は面積を

求めたい領域を、簡単に面積の求められる長方形に分割して足し合わせる方法、であることを覚えておいてください。

　高校で習う数式だらけの積分は難しく見えますが、こうやって積分の本質を見ると、それほど難しいものではないことがわかるでしょう。

2-3

微分は傾きを求める
「すごいわり算」

さて、積分がどのようなものかわかりましたので、次は微分の話をしたいと思います。

私はこの章の初めに「速さを距離÷時間で求めた計算、これが「微分」です」と説明しました。ここを掘り下げて解説したいと思います。

このわり算が微分、そしてこの節のタイトルに示しているように、微分は「すごいわり算」なのです。これを説明するためには、またグラフに慣れてもらわないといけません。

例えば、下のグラフのように動いた車があったとしましょう。この時は、横軸は先ほどの積分と同じく時間ですが、縦軸は0の地点から進んだ距離になります。

これもグラフを見て、車の動きがイメージできるようにしておくことが大事です。

車と距離の関係

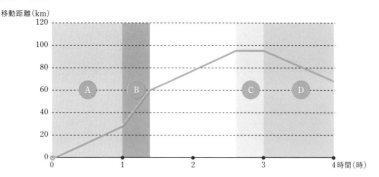

Aの領域では時間に従って距離が増えていますから、車が進んでいることを表しています。Bの領域でも同じですが、Aの領域より傾きが急、つ

まり同じ時間で多くの距離を進んでいることがわかるでしょう。これはBの領域ではAの領域よりも速く車が進んでいることを表しています。

そしてCの領域では時間が変化しても距離は一定です。これは何かというと、車が止まっていることを表しています。

最後にDの領域ですが、この領域では時間が過ぎるにしたがい距離が減っていることがわかります。これは何を意味するかというと、逆方向に動いているということです。距離は出発点からの距離なので、逆に出発点に近づくように動いているというわけです。

この距離と時間のグラフには、ぜひ慣れていただきたいと思います。

それでは次に微分の話に進んでいきます。

一定の速さで走る車の話に戻って考えてみましょう。

最初の問題の設定では3時間で120kmを走る車の速さなので、120km÷3時間を計算してやると、答えは40km/時となるわけです。

これと同じような例を下に示します。今度は4時間一定の速さで120kmを走る例です。

ここで注目するところが傾きです。この例ではグラフは直線で、どの部分でも傾きが一定です。これは速さが一定ということを表しています。だから走行距離の120kmをかかった時間の4時間で割れば、簡単に速さが30km/時と求められるのです。

車と距離の関係

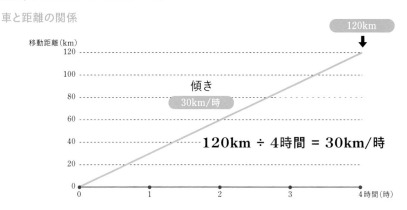

これに対して、速さが一定でない場合の、時間と距離の関係を下のグラフに示します。

車と距離の関係

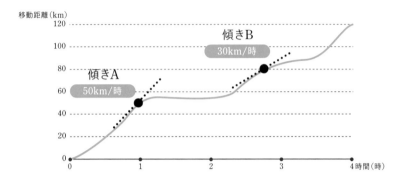

　先ほどと同じように4時間で120km走っていますが、途中で速さが変わっています。例えば、点Aでは50km/時なのに、点Bでは30km/時になったりしています。グラフから点Aの傾きが点Bより急であることがわかるでしょう。

　この関係が直線であれば、先ほどの計算のように「120km÷4時間」という簡単なわり算で傾き、すなわち速さを求めることができます。しかし、この点Aや点Bの傾きは簡単に計算することは難しそうです。

　このような場合でも傾きを求められるわり算、つまり「すごいわり算」が微分なのです。先ほどの積分と同じように、微分もネタばらしをします。これもアイデアは単純なもので、別に難しいものではありません。

　例えば、30分間の走行距離から傾きを求めても、次のように正しい速さは求められなさそうです。
　出発から2時間後の点Aでは実際の速さは10km/時程度なのに、2時間後から、30分経った後の移動距離15kmから速さを求めると、速さは30km/時となります。これは実際の速さとかなりのずれがあります。

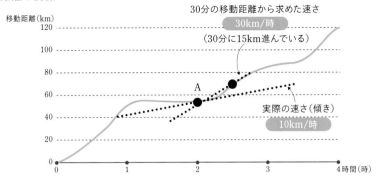

車と距離の関係

移動距離(km)

30分の移動距離から求めた速さ
30km/時
(30分に15km進んでいる)

実際の速さ(傾き)
10km/時

A

0　1　2　3　4 時間(時)

　それではどうするか、答えはとにかく時間間隔を狭めていくことです。時間間隔をどんどん狭めて、例えば0.0001時間（0.36秒間）くらいにすると、その間の速さの変化はわずかで速さはほぼ一定とみなせるでしょう。誤差はゼロにはなりませんが、よほど急加速、急減速をしていないときであれば、0.0001時間（0.36秒間）の速さの変化は無視しても大きな影響はないはずです。

　この作業はグラフで見ると、「拡大」することを意味します。すると、時間間隔が狭くなりますから、この場合は曲線もほとんど直線に見えるはずです。

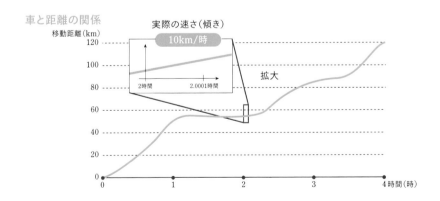

車と距離の関係

移動距離(km)

実際の速さ(傾き)
10km/時

2時間　2.0001時間

拡大

0　1　2　3　4 時間(時)

　そうやって、短い時間に進んだ距離から傾きを求めてやることが「微分」の本質なのです。

2-4

微分で彗星の軌道が予想できた

　イギリスの天文学者でエドモンド・ハレー（1656 - 1743）という人物がいます。この人は76年に一度、地球に接近するという「ハレー彗星」の発見で知られています。

　実はこのハレーは微分積分という学問の進展に大きく貢献したニュートンと同時代の研究者で、ニュートンに『プリンキピア』という書物を書くように勧めたのも彼だと言われています。

　そしてニュートンが微積分を使って構築した運動方程式の理論は、ハレー彗星の動きを予測し、本当に76年周期でハレー彗星が地球に現れたことにより、その正確性が証明されることになります。ニュートンの微積分の理論は、まさに「未来を予測する」ものだったのです。

ハレー彗星の軌道

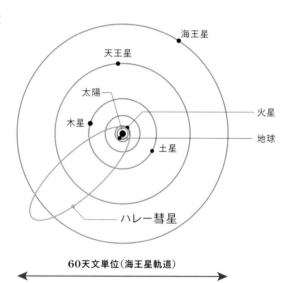

60天文単位（海王星軌道）

　ニュートンの運動方程式は、先ほど説明した時間と距離、速さの関係に、「加速度」という概念を持ち込んだことが大きなブレークポイントになりま

す。

　加速度とは単位時間当たりに速さが増える「速さ」です。ちょっと非現実的な設定ですが、40km/時で進んでいる車が同じ割合で加速して、0.5時間（30分）後に60km/時で走っているとします。0.5時間で20km/時だけ加速しているので、1時間だと40km/時だけ加速する加速度です。ですので、加速度は40km/時²と表現されます。

加速度とは？

0.5時間の間に40km/時の車が60km/時になった

$$加速度は \ \frac{60km/時 \ - \ 40km/時}{0.5} = 40km/時^2$$

　時間が2乗になっているところが混乱を招くかもしれません。これは時の2乗で割っているというよりも、km/時、つまり速さを時間で割っている量と理解した方がわかりやすいと思います。

　ちなみに、ここでは車の速さでなじみが深いkm/時という単位を使っていますが、今後はm/秒、つまり1秒間に何メートル進むかという単位を使います。物理の世界ではこちらの単位を使うことが一般的だからです。

　そして、この加速度に着目したことが、なぜそれほど画期的なことかというと、運動する物体にかかる力が加速度に比例するからなのです。
　ちょっと難しいかもしれないので、順を追って説明します。

　例えば、次の図のようにある物体を止まったところから、同じ力で押し

続けたとします。すると100秒後に2m/秒の速さになっていたとします。この時の加速度は0.02m/秒²となります。0.02m/秒²×100秒＝2m/秒というわけです。

　この時、かける力を倍にするとどうなるでしょうか？　実は加速度が倍になります。つまり、加速度が0.02m/秒²の倍の0.04m/秒²となるわけです。すると、100秒後にはさっきの倍の速さ4m/秒になります。

　力を倍にすると、加速度が倍になるという関係が重要です。

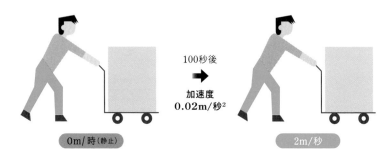

100秒後

加速度
0.02m/秒²

0m/時（静止）　　　2m/秒

かける力を倍にすると加速度は倍の0.04m/秒²になる

加速度は加える力に比例している（運動方程式）

　そして、加速度という量は距離と速さの関係と同じように、速さと微分と積分の関係にあります。すなわち、速さを微分すると加速度になるし、加速度を積分すると速さになるのです。

　つまり距離と速さと加速度の関係は、微分と積分を通じて次のようにつながります。

　この中で、加速度は受ける力に比例するので、物体にかかる力がわかると加速度がわかります。そして加速度がわかるとそれを積分して、速さが得られます。さらに、速さが得られるとそれをさらに積分して、距離が得

られる、ということになるのです。

　ハレー彗星は太陽の引力の影響を受けて運動しています。だから、その引力がわかれば、加速度がわかり、それを積分することにより、速さや距離もわかるわけです。

　このような理論により、ハレーはハレー彗星の軌道を予測し、76年ごとに地球に接近することを予測しました。そして、実際にその通りになっていたことから、ニュートンの微積分の理論が正しいことが証明されたのです。

2 − 5   微積分を使って
油の温度を制御する

　ここまで速さと時間と距離の関係を使って、微分や積分がどういうものかを説明してきましたが、イメージをつかんでいただけたでしょうか？

　それでは、微分や積分が実際にどのように使われているか、別の例を出したいと思います。意外に思われるかもしれませんが、料理の現場でも数学が活躍しています。ここでは、揚げ物に使う油の温度を一定に保つことを例にして説明します。

　図のようにコンロで油を火にかけています。常温の油を火にかけて、油の温度を上げていきます。トンカツとかコロッケなどは大体180℃くらいが適温と言われているらしいですね。だから、180℃まで温度を上げて、その温度を維持することを考えます。

180℃がベスト

　簡単なのが、油が180℃以下だったら火力をフルパワーにして、180℃以上になったら切る、つまり0にすることです。

　しかしながら、この方法には問題があります。フルパワーの火力をすぐに切っても（0にしたとしても）、余熱が相当あるので180℃を超えてどんどん温度が上がってしまうことです。だから、温度は例えば、次のような感じになることでしょう。

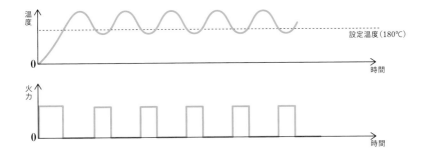

　温度が180℃より高い時間が結構あります。

　つまり、適切な温度を超えて熱くなってしまうのです。これでは揚げ物がおいしくできませんね。

　だから、何かうまい方法が必要です。そこで考えたのが、設定温度と実際の温度との差に比例した火力で油を熱することです。このようにすると、設定温度に近づくにしたがって火力を弱めます。だから先ほどのように設定温度を大幅に超えることはありません。

　しかしながら、温度の上昇の速さは遅くなってしまいます。そして、油の熱は外に逃げていくので、その逃げる熱と火力が釣り合ったところ、設定温度より低いところで温度が一定になってしまい、設定温度に到達しないという問題が起こってしまうのです。

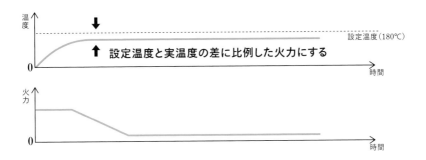

　だから、少しの温度差でも火力を高くするようにしたらよいと思うでしょう。しかし、これをしてしまうと程度は軽くなるものの、フルパワーと

ゼロの時のように温度が設定温度を超えて振動してしまうのです。

さて、どうすればよいでしょうか？

ここで積分の力を使うのです。

今度は先ほどの設定温度と実際の温度の差の火力だけでなく、温度差を時間で積分した火力を加えます。といっても、言葉だけではわかりませんよね。だから、下の図を見てください。

積分は面積を求める計算だ、という話をしました。だから積分を使って、図の面積を求め、これが大きくなると火力を強めるようにするのです。

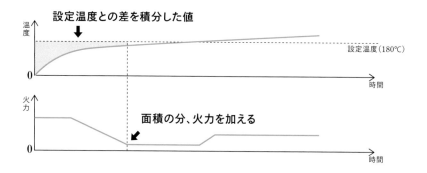

すると、設定温度より低い温度で長く停滞していると、その差に応じた火力が追加されて、設定温度に到達できるようになります。

ここでポイントは、温度差を積分した値ということです。だから、温度差が同じでも時間が経つにしたがって、火力を少しずつ強めることになります。この火力によって、確実に設定温度に到達させて、その温度を保つことができます。

設定温度を超えると、超えた温度とその時間によって火力を弱めますし、部屋の温度が下がって油の温度が下がってくると、また火力を強めて元の設定温度に戻すことができるのです。

でも、実はこれだけでは十分ではありません。

揚げ物の油ですから、肉や野菜などを入れますよね。それらをたくさん入れると急激に温度が下がるはずです。

油に具材を
入れる時には
温度が急激に下がる

　つまり、温度は下の図のようになってしまうのです。ある程度、時間が経つと積分の力で元の温度に戻りますが、その積分は時間が経たないと効いてこないので、どうしても時間がかかってしまいます。これでは油の温度が理想温度から外れた時間が長く、おいしい揚げ物を作れません。
　だから、具を入れて急に温度が下がる時には火力を強めてやらなければいけないわけです。

　そこで登場するのが微分です。
　温度を微分すると、温度が下がる速さを求めることができます。つまり、冷たい具材を入れたり、大量に具材を入れたりして急激に温度が下がっている時には火力を強めるようにすればよいのです。

ここで具材が投入されて温度が下がった

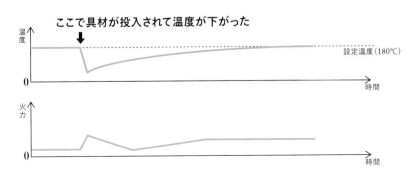

時間と温度のグラフから、温度の低下の速さを求めるのは微分です。だから、微分によって速さを求めます。そして、その速さが速いほど、大きな火力を加えるのです。

　この微分による制御を加えることにより、油の温度が下がった時に設定温度に戻るまでの時間が大幅に短くなります。

　この制御の仕方を PID 制御と呼ぶことがあります。P は Proportional の頭文字で比例、つまり現在と設定した温度差による火力の強さの部分です。そして I は Integration で積分、D は Differential で微分です。

　この PID 制御は「現在」「過去」「未来」に着目した制御とも言えます。まず、「現在」の温度と目標の温度差から火力を決めます。そして「過去」を見て、この温度にしたいけどなかなか温度が上がらない、だから火力を上げようとするのが積分の制御です。最後に急激に温度が下がっているので「未来」に温度が下がるだろう、ということを検知するのが微分の制御なのです。

　この考え方は色々なものを制御する時に使えます。温度だけでなく、エンジンのパワーや液体の量、圧力をコントロールする時にも使われています。
　このように微積分はけっこう身近なところで、私達の生活を安全に便利にするために利用されているのです。

BIBUN
SEKIBUN

3

なぜ数式を
使うのか？

ここまでほとんど数式を使わずに微積分に
ついて説明してきました。おそらく、微積
分がどういうものか、ということは何となく
くイメージをつかめたのではないかと考え
ています。

一方、「それでは学校で習った、数式だら
けの微積分は一体何だったのか？」という
疑問を持つ方も多いでしょう。これまでに
読んだことと、数式が結びつかないという
わけです。

結論から言うと、微積分を理解するにおい
て数式は必要です。これまでは「何となく、
理解してもらう」ことを優先して、数式を
使ってきませんでした。しかし、微積分の
本来の力を発揮するためには、やはり数式
の力は必須なのです。

この章では、なぜ微積分の考えを応用する
ために数式が必要なのか？　数式とはどう
いうもので、どんな種類があるのか、とい
うことについて説明します。

3-1　未来を予測するために数式を使う

　「なぜ数式を使うのか？」という答えは、「未来を予測するため」、あるいは「見えないモノを見るため」と言えるでしょう。

　例えば、次のようなグラフがあったとします。
　この数字の意味はなくてもよいのですが、意味がない数字を見るのが気持ち悪いという方もいるかもしれません。だから、あるお店の1日の入店者数とでも考えてみてください。
　この時、2月4日の数値はどのくらいになりそうでしょうか？

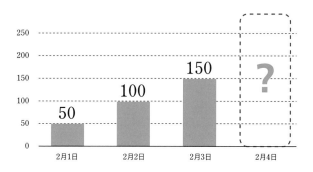

　おそらく、このように200くらいになると予想されたのではないでしょうか？

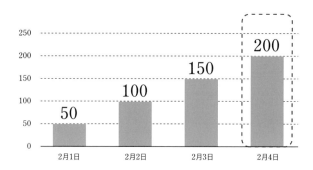

それでは、こちらはどうでしょうか？

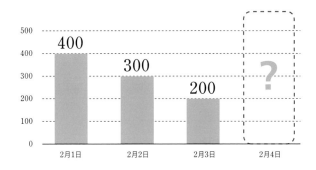

この場合は100と予想されたのではないでしょうか。

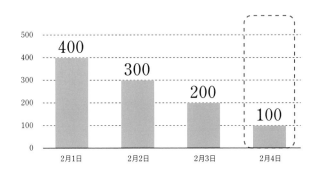

それでは最後です。この時に2月5日の数字はどうなりそうでしょうか？

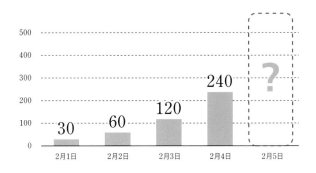

これは少し考えた方もいるかもしれませんが、多くの方が480と答えて

くれると思います。

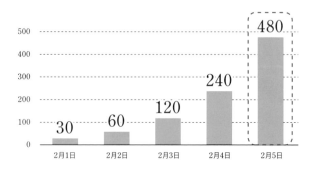

　数式というと、みんなから嫌われがちではあります。でも、この問題を解いた人は数式の考え方をしていると言えます。

　最初の図では数字が50ずつ増えています。これは1次関数で$y = 50x$と表されます。次の図では数字が100ずつ減っていたので、$y = -100x + 500$と表されます。そして、最後の図では数字が倍々に増えていたので$y = 15 \times 2^x$と表せるわけです。

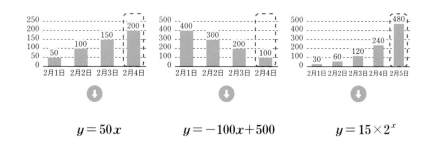

$$y = 50x \qquad y = -100x + 500 \qquad y = 15 \times 2^x$$

　人間が目で見て、なんとなく予測するというのであれば、数式なしでもこのような予測が感覚的に可能かもしれません。しかし、人間の直感では間違えることもあるし、なにより人手がかかります。

　だから、この予測をコンピュータに任せようとするわけです。ただし、その時には必ず数式で表現する必要があります。なぜなら、コンピュータ

には感覚はなく、数式で表現されたものしか理解できないからです。

　ビジネス的な問題であれ、生物的な問題であれ、もちろん工学的な問題であっても、数字を分析する時には、過去の数字を分析して、未来を予測したいという目的があると思います。

　そのためには数字を分析して、数式にする必要があるわけです。
　中学や高校で1次関数、2次関数、指数関数、三角関数などいろいろな数式を勉強したと思います。それらの数式は現実の数字をその数式に当てはめて、未来を予測するために存在していると言えるのです。

3 – 2   関数とは何か？

　さあ、「未来を予測する」ために、「見えないものを見る」ために、数式について学びましょう。まずは関数について説明します。

　関数とは「入力」の数字を入れた時に、「出力」の数字が出てくる箱のようなものです。

　例えば、150円のノートをx冊買ったときの代金をy円とします。これは1冊のノートを買ったとき、つまり$x=1$の時は150円ですし、2冊のノートを買ったとき、つまり$x=2$の時は300円となります。

　このようにあるx、つまりノートを買った冊数を定めると、代金が出てきます。このようなものを関数と言います。

　下の図のように数字を入れると数字が出てくる箱のようなものと考えてください。

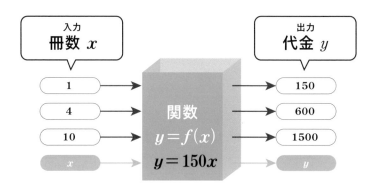

　この時、ノートをx冊買ったときの代金yは$(150 \times x)$円、文字の式では「×」を省略することが普通ですので$150x$円となります。ですから、このノートを買った冊数と代金の関係は$y=150x$と表されるわけです。だんだん学校で習った数学に近づいてきましたね。

　ここで押さえておいてほしいことがあります。ちょっと教科書的になり

ますが、大事なところなので、しっかり押さえてくださいね。

それは変数、関数、定数です。

先ほどのノートを買った冊数と合計金額の関係を数学の言葉で書き直してみました。xとyと$f(x)$という文字が登場していますね。

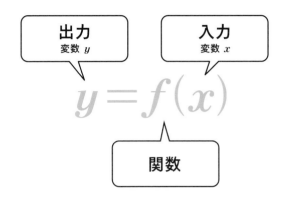

このなかでxとyは「変数」です。というのも、xは買うノートの冊数なので、変化する数です。そして、yは合計金額なので、xが変わると変化します。だからyも変数なのです。

つぎに$f(x)$という文字です。これは「関数」を意味しています。fは英語でいう function、つまり関数の頭文字をとったものです。この場合、$f(x)$は "$150x$" という式を表します。この場合、$y = 150x$と$y = f(x)$という表現は、同じことを意味しているのです。

ちなみに関数が1つだと$f(x)$が使われることが多いですが、状況によっては2つ以上の関数が登場することもあります。その場合fの次のg、hを使って、$g(x)$、$h(x)$などとすることが多いですね。

そして$f(x)$のかっこの中のxは、その関数の変数を表しています。ノートの例の場合$150x$という式のxが変数ですよ、ということを意味しているわけです。

そして$f(1)$とか$f(3)$とかxのところに数字が入ったものも現れます。これは、例えば$f(1)$であれば変数xが1の時の関数の値を表します。つまり、$f(1) = 150 \times 1 = 150$ですし、$f(3) = 150 \times 3 = 450$となるわけですね。

ちなみに変数には x や y や z といったアルファベットの最後の方の文字が使われることが多いです。その他に t が使われることが多くあります。この t は time つまり時間の頭文字で、時間を変数とした関数を考える時に使われやすいということです。

　最後に「定数」です。これは少しややこしいので、もしこの部分を読んでわからなくても先に進んでもらって大丈夫です。

　学校の教科書では、よく " $f(x) = ax+b$ " のような表現が見られます。先ほどお伝えした通り $f(x)$ は x を変数とした関数です。しかし、この $ax+b$ という式の中には x 以外の文字、a と b も含まれています。この a と b は何なのでしょう？

　じつはこれが定数と呼ばれるものです。a や b は文字なので色々な数字が入ります。しかし変数ではありません。先ほどのノートを買った冊数と合計金額の例だとノート1冊の金額が a にあたります。今回はノートが1冊150円という設定でしたが、別に200円や300円のこともあり得ます。だから、そのノート1冊の値段を a とおいているわけです。

　しかし、この a は定数なので、関数の式の中では固定したものと考えます。つまり、$f(x) = ax+b$ の時、$f(2) = 2a+b$ となりますが、この " $2a+b$ " は150とか300といった数字に近い扱いとなるのです。ここは数学の教科書を読んでいてわかりにくいところなので気をつけてください。

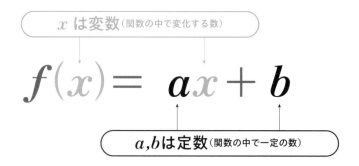

x は変数（関数の中で変化する数）

$$f(x) = ax + b$$

a,b は定数（関数の中で一定の数）

一般的に変数はxで始まり、yやz、そして定数はaから始まり、bやcが使われていることが多いです。

　最後に、関数というと数式をイメージするかもしれませんが、これは別に数式でなくても構いません。例えば、A君が家を出てから経過した時間t（秒）と進んだ距離x（m）を関数として$x = f(t)$としてもよいのです。この場合$f(t)$は$f(t) = 10t$などと、明確な式で表すことはできないでしょう。でも、これも立派な関数なのです。

　関数の要件はある変数の値に対し、出力される値が1つ存在することです。この場合だと例えば10秒後には家から8m離れたところにいた、など明確に1つの数字が対応しますから、これも関数でよいのです。

　ちなみに関数という言葉は数学以外でも登場します。

　例えばエクセルで関数を使っている人もいるでしょう。この関数も基本的に与えられた数字（変数）に対して、ある数字を返すものです。また、プログラミングでも関数という概念が登場しますが、これも同じです。ある入力に対して、ある出力を得られるもの、ということになります。

　このように関数の概念をしっかり学んでおくと、数学以外の分野でも役立ちます。ぜひしっかり覚えておいてください。

逆関数

　先ほどの例では、ノートx冊を買ったときの代金をy円としました。この時に関数という箱の入力はノートの冊数xで、出力がyになります。そして、数式は$y = 150x$と表されました。

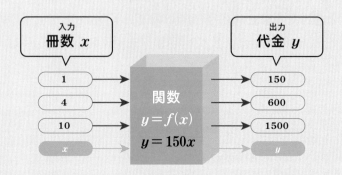

　しかし、状況によってはこの逆を考えたいことがあります。つまり、代金がy円だった時、ノートはx冊買ったことになる、という問題です。つまり、入力がy円で、ノートの冊数xが出力という場合です。

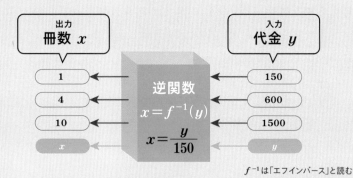

f^{-1}は「エフインバース」と読む

　この時には数式は$x = \dfrac{y}{150}$となります。この入力と出力が逆になった関数を逆関数と呼びます。

　$f(x)$という表し方だと、$y = f(x)$に対して、$x = f^{-1}(y)$と表します。

　f^{-1}はエフインバースと呼びます。このような逆関数はxとyを入れ替えて、つまりyをノートの冊数、金額をx円として、$y = f^{-1}(x)$と表すこともあります。

3-3 グラフに慣れよう

次に関数を表すために必要なグラフについて説明しましょう。

関数は入力に対して、出力がただ1つに決まる箱のようなものだと説明しましたが、グラフは入力を横軸、出力を縦軸にとった時の関係を視覚的に表しているものです。

例えば100gで300円の牛肉があったとします。この時に買う牛肉の重さを x（g）、値段を y（円）とした関数を考えてみましょう。

100gで300円、200gで600円、500gで1500円、1000gで3000円ですから、下のような点を打つことができます。そして、それを線でつなぐと図のようになるわけです。

実際、300gの時は900円、800gの時は2400円でこの直線のグラフは牛肉の量と値段の関係を正しく表していることがわかります。

ちなみにこの関係を数式で表すと $y=3x$ と表されます。

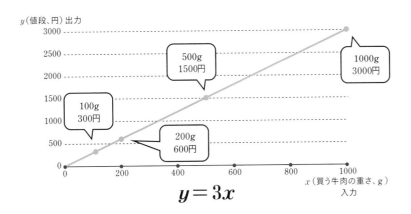

$$y=3x$$

次に少し設定を追加しましょう。このお店では、お肉を売る時に容器代として200円が必要だったとします。すると、牛肉の重さ x（g）と値段 y（円）の関係をグラフに表すと次のようになります。容器代が無い時のグラ

フを点線で表すと、上に200円移動させたグラフになります。

　ちなみにこの関係を数式で表すと $y=3x+200$ と表されます。

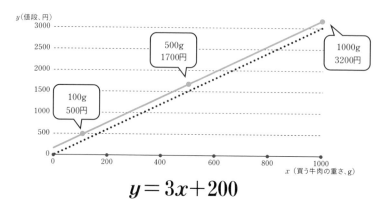

$$y = 3x + 200$$

　さらに設定を複雑にします。基本的に100gで300円ですが、400g買うと割引価格で1000円になるとします。今回は容器代はかかりません。その時の牛肉の重さ x（g）と値段 y（円）の関係は下のようになります。

　複雑な設定ではありますが、このようにグラフにすると、関係がつかみやすくなります。例えば380g買うのであれば、400g買った方がお得だということがわかります。

　この関係は数式で表すと複雑になるので省略します。

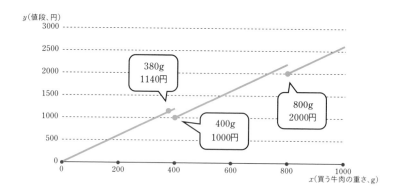

　グラフにすることで、関数を視覚的に理解することができます。例えると、数式はデジタル時計、グラフはアナログ時計と考えられると思います。

数式が苦手な人は数式をグラフにしてみると、イメージで理解しやすくなります。本書でも、なるべくグラフを使って、視覚的に理解していただきたいと思います。

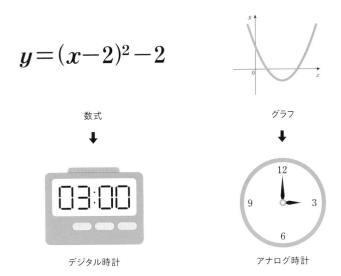

数式 → デジタル時計

グラフ → アナログ時計

　余談になりますが、世の中には数式が出てくるとわからなくなる人と数式が出てこないとわからない人の2種類の人がいるようです。でも、これは前者の人が数学自体が苦手、ということを意味するわけではありません。数式が好きでなくても、バリバリ数学を活用する人は確かにいます。

　ちなみに、私自身は明らかに「数式が出てくるとわからなくなる人」に近いです。そんな人の味方になってくれるのがグラフなのです。数式が苦手な人はグラフを使って数式を理解することをおすすめします。

3 – 4 数式の作り方

　本章の最初で「未来を予測するために数式を使う」という話をしました。それではその未来を予測する数式はどうやって作るのでしょうか？

　それには大きく2つの方法があります。1つは統計の方法によるもの、もう1つは本書でのメインテーマとなる微分方程式を使う方法です。

　まず、統計的な方法を説明しましょう。

　統計的な方法は、とにかくたくさんのデータをとる方法です。ビッグデータという言葉を聞きますが、これは統計的な手法です。他にもAI（人工知能）の多くは統計的な手法で数式を作成して、未来を予測します。

　簡単な例を出してみます。例えば、あるネットショップでのサイトの1日のアクセス数と注文の数のデータをとったとします。その結果が下の図のようになっていました。

　この横軸のxはアクセス数、そして縦軸のyが注文数を示しています。

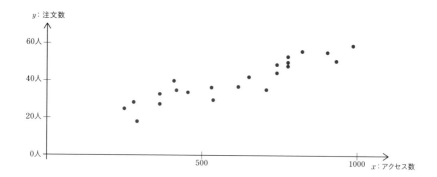

　当然、注文数はアクセス数だけで決まるものではありません。曜日とか、宣伝の頑張り具合とか様々な要因で決まるでしょう。だから、同じアクセス数の日でも、同じ注文数ではありません。しかしながら、アクセス数が

増えると注文数が増えるというのは感覚的に理解できます。

　実際、アクセス数と注文数の分布を見てみると、アクセス数が増えるほど注文数が増えていることがわかります。そこでこういう直線を引いてみます。

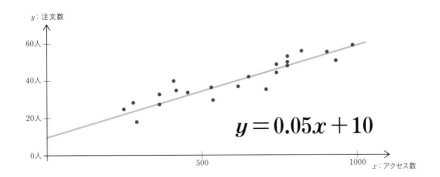

　もちろん誤差はあるものの、この点は大体この直線に沿っていることがわかるでしょう。この直線の引き方には誤差を最小にする最小二乗法と呼ばれる数学的な方法があります。

　そして、この直線は$y = 0.05x + 10$と表せたとします。この直線の傾きは0.05です。すると、アクセス数が20回増えると、およそ1回の注文に結びつくことがわかるわけです。

　単純な話ではありますが、例えば「アクセス数が800回だと注文数はいくつになるか？」こんなことは未来のことだから、普通はわかりません。しかしながら、この式があることにより、「50回くらいの注文が得られるだろう」と予測が立ちます。これはまさに未来を予測していることですよね。

　このように単にデータだけを見ていても未来の予測はできません。しかし、データを数式にすることにより、未来を予測することができるわけです。これが数式の力なのです。

この方法は科学だけでなく、社会科学など広い分野、複雑な問題にも適用が可能です。メカニズムの見当がつかないような複雑な問題でも、入力と出力のデータさえあれば式を作ることができます。しかし、誤差も大きいですし、なによりこの式を得るために、非常に大量のデータが必要です。

　実際AIには「アノテーション」といって、非常に沢山のデータを使って学習をさせています。しかも、その多くの作業は人の手によるものです。例えば信号機を信号機として認識するためにも、多数のデータを使って学習させています。
　AIというとスマートなイメージがあるかもしれませんが、データを集めて学習させることは、とても泥臭い作業なのです。

　これが統計的に「未来を予測する数式」を作る方法です。統計的に数式を作るとは、多数のデータから数式を作ることです。つまり、下の図のようにたくさんのデータが先にあって、数式がその先にあるという方法になります。

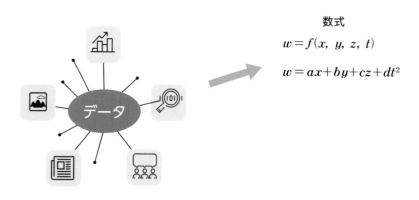

数式

$$w = f(x,\ y,\ z,\ t)$$

$$w = ax + by + cz + dt^2$$

　それに対して、この本で主にとり上げる「微分方程式」を使う方法があります。これはイメージとしては統計の方法と全く逆で、1つの親玉的なモノから「未来を予測する数式」を作る方法です。

この親玉的なモノが「微分方程式」と呼ばれるものです。「方程式」と聞くと、中学や高校で習った、下の図のような1次方程式や2次方程式を思い浮かべる方が多いでしょう。この方程式は「数」が解となります。

　しかし、「微分方程式」は中学で習った1次方程式や2次方程式とは根本的に異なります。同じ「方程式」となっていますが、微分方程式は「数」ではなく、「関数」が解になっています。

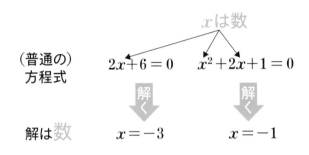

　関数とは先述したように、ある入力の数字を与えるとある出力が得られる箱のようなものでした。例えば $y = x^2 + 3x + 5$ のような数式も関数です。だから微分方程式は、式を作り出すもの、とも考えられるのです。

　今まで、数式は未来を予言する予言者と話してきました。そう考えると微分方程式はその数式を作り出す「予言者の親玉」と考えられるかもしれません。

例えば、電流や電圧の世界では、次の図に示すような「マックスウェルの方程式」と呼ばれる微分方程式が親玉です。そこから、電流や電圧を表す数式が得られるわけです。

マックスウェルの方程式（微分方程式）

$$\begin{cases} \nabla \cdot B(t,\ x) = 0 \\[2mm] \nabla \times E(t,\ x) = -\dfrac{\partial B(t,\ x)}{\partial t} \\[2mm] \nabla \cdot D(t,\ x) = \rho(t,\ x) \\[2mm] \nabla \times H(t,\ x) = j(t,\ x) + \dfrac{\partial D(t,\ x)}{\partial t} \end{cases}$$

数式（関数）

$$I_C = \frac{is}{QB}\left(e^{\frac{V_{BE}}{nfV_t}} - e^{\frac{V_{BC}}{nrV_t}}\right) - I_{CB}$$

$$I_B = \frac{is}{bf}\left(e^{\frac{V_{BE}}{nfV_t}} - 1\right) - ise\left(e^{\frac{V_{BE}}{neV_t}} - 1\right)I_{CB}$$

　なお、関数は必ずしも数式で表されるものには限りません。例えば、t 秒後の車の位置 x（m）という関数 $x = f(t)$ は普通はきれいな数式では表現できませんが、関数になります。この関数がわかるということは、車の位置を予測できることになります。

　物理の世界で「方程式が世の中を司っている」のような表現がされることがあります。しかし、この「方程式」とは微分方程式を表すもので、中学や高校で勉強する方程式とは別のものであることを理解しておきましょう。

3-5 シミュレーションには
微分方程式が後ろについてる

　シミュレーターという言葉を知っているでしょうか。シミュレーターとは「実際の条件を再現できるようにしたもの」のことをいいます。シミュレーターの多くでは微分方程式を使った未来予測手段が使われています。

　例えば、電子回路のシミュレーターでは電気や磁気の基本となる微分方程式（先ほど紹介したマックスウェルの方程式）から、回路に流れる電流や電圧の式を作ります。この式から電気の挙動が正確にわかるので半導体や電子回路の設計ができるわけです。

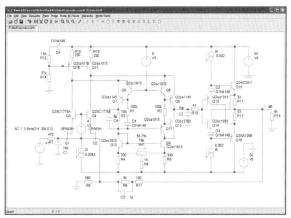

https://www.cqpub.co.jp/hanbai/books/38/38311/SIMetrix_1.gif

　この他にも、航空機や電車のシミュレーターもあります。これは一見ゲームのようにも見えますが、パイロットや操縦士の訓練にも使われるほど、現実を正確に再現しています。
　例えばこのくらいの風が吹いていて、エンジンの出力がこのくらいであれば、飛行機はこのような挙動をする、ということが実際とほぼ同等に再現できるわけです。

フライトシミュレーター

　通常、航空機は安全な乗り物ですので危険な状況に陥ることはほとんどありません。ですが、万一に備えてパイロットが危機的な状況を回避する訓練をすることは必要です。

　ですから、シミュレーターで危険な状況を作り出すことにより、パイロットが危険回避の訓練を行なっているのです。

　飛行機のシミュレーターであれば、流体力学と呼ばれる分野の微分方程式を解いて、飛行機の挙動を表す数式を作ります。その数式がこのようなリアルな世界を描き出しているわけです。

　また、自動車の安全設計には実際に事故を起こして実験することが必要です。しかしながら、この実験をするには車を一台潰してしまうのはもちろん、人間のダメージを調べるための高価な人形の準備など、多くのお金と時間がかかります。

トヨタ自動車のバーチャル人体モデル「THUMS」より

加賀ソルネット株式会社ホームページより

　しかし、微分方程式を解くシミュレーターの発達により、衝突実験も多くがシミュレーターで代用できるようになりました。こうやって、シミュレーターは科学技術の発展に寄与しています。

　その他にも、化学反応、天気、社会現象、経済にまでシミュレーターの役割は広がっています。ですから、微分方程式を正確に速く解く技術を磨くことには、燃費がよく強力なエンジンを開発することや軽く丈夫な建築素材を作ることのように価値があるのです。

3-6

科学技術を支える微分方程式

　ここから、いくつかの微分方程式を紹介します。数式はとても難しいものも含んでいるので理解する必要はありません。

　ここでは微分方程式の中身の説明はしていませんので、絵として眺めていただければ十分です。こんなものもあるんだ、という感じで読んでみてください。

　まずはニュートンの運動方程式です。これは先ほどの節でお話しした速さと時間と距離の関係を全部含んでいる微分方程式です。つまり、この微分方程式を解くと、ある時間の物体の位置や速さを表す関数が得られます。

　小さな砂粒の運動から、大きな天体の運動まで、世の中のありとあらゆるものを表現している微分方程式なのです。この方程式については、6章でも詳しく紹介しますので、そちらも参照してください。

ニュートンの運動方程式

$$F = ma = m\frac{d^2x}{dt^2}$$

　次は電気の分野のマックスウェル方程式です。これは電場や磁場のふるまいを表す微分方程式で、これを解くと電流や電圧を表す関数が得られます。ですから、身の回りの全ての電気機器や半導体などの電気回路を設計する、現代社会には必要不可欠な微分方程式と言えるでしょう。

マックスウェルの方程式

$$\begin{cases} \nabla \cdot B(t,\ x) = 0 \\[2mm] \nabla \times E(t,\ x) = -\dfrac{\partial B(t,\ x)}{\partial t} \\[2mm] \nabla \cdot D(t,\ x) = \rho(t,\ x) \\[2mm] \nabla \times H(t,\ x) = j(t,\ x) + \dfrac{\partial D(t,\ x)}{\partial t} \end{cases}$$

　次の方程式は流体の流れを表す「ナヴィエ－ストークスの方程式」と呼ばれる微分方程式です。この方程式を解くと水や空気などの流れを表す関数が得られます。

　冷却用の水や空気の流れを解析したり、天気の解析、飛行機の挙動の解析にも使われる方程式です。

ナヴィエ－ストークスの方程式

$$\rho\left\{ \frac{\partial v}{\partial t} + (v \cdot \nabla)v \right\} = -\nabla p + \mu \nabla^2 v + \rho f$$

　次の方程式は波のふるまいを示す波動方程式と呼ばれます。この方程式を解くと、波の伝搬や反射を示す式が得られます。世の中には「波」があふれていて、身近なものでは電波や音の解析に使われます。ですから、この方程式がないと携帯電話も使えないということになります。

　また、地震も波ですので、地震予測システムにもこの微分方程式が使われています。日本人にとっては重要度が高いですね。

波動方程式

$$\frac{\partial^2 u}{\partial t^2} = v^2 \frac{\partial^2 u}{\partial x^2}$$

　次は拡散の状態を表す拡散方程式です。この方程式を解くと、拡散にともなう物質の変化を表す関数が得られます。

　拡散と聞くと耳慣れない現象ですが、例えば熱の伝達は拡散によって記述されます。つまり、電気機器やエンジンの冷却の設計に必要不可欠な微分方程式と言えるでしょう。

拡散方程式

$$\frac{\partial u(x,\ t)}{\partial t} = \kappa \frac{\partial^2 u(x,\ t)}{\partial x^2}$$

　次は少しスケールの大きな微分方程式です。これは宇宙のふるまいも表すアインシュタイン方程式です。

　ブラックホールという言葉を聞いたことがあると思います。ブラックホールはとても重力が強く、時空を捻じ曲げて、光さえ閉じ込めてしまうと言われます。

　ここで不思議に思わないでしょうか？　「なぜ、そんなことがわかるのか？」と。ブラックホールを使って実験なんてできるわけがありませんから、これは数学、微分方程式の力を借りて分析するしかありません。

　そんな宇宙の挙動を表す方程式がこのアインシュタイン方程式なのです。

　この方程式の難しさは今までの方程式の比ではありません。まず係数が普通の数字でなくテンソルと呼ばれるものですし、連立偏微分方程式と呼ばれる形式になっています。

この微分方程式を解くことによって得られる関数が、宇宙やブラックホール、ビッグバンといった人間が感じることのできないもののふるまいを人間に示してくれるのです。これが微積分の力というわけです。

アインシュタイン方程式

$$R_{\mu\nu} - \frac{1}{2} R g_{\mu\nu} + \Lambda g_{\mu\nu} = \frac{8\pi G}{c^4} T_{\mu\nu}$$

　最後に示す微分方程式は、ブラック−ショールズ方程式と呼ばれる微分方程式です。この方程式は今まで紹介してきた微分方程式と違い、科学技術の分野でなく、経済の分野で使われているものです。

　これは確率微分方程式と呼ばれるもので、「確率」を表現していることが特徴です。例えば、株の値動きはランダムな変化を含んでいるので、これらを解析する微分方程式には確率的な要素を式にとり入れなくてはなりません。それを表現できる微分方程式なのです。

　この方程式は株価の値動きの解析などに使われ、保険の掛け金やオプションと呼ばれる金融商品の設計に使われています。微積分は経済分野でも、必要不可欠なツールとなっているのです。

ブラック−ショールズ方程式

$$rC = \frac{\partial C}{\partial t} + \frac{1}{2} \sigma^2 S_t^2 \frac{\partial^2 C}{\partial S_t^2} + rS_t \frac{\partial C}{\partial S_t}$$

3-7

数式の特徴

これから基本的な1次関数に始まり、2次関数、高次関数、指数関数を紹介します。数式が苦手な人はグラフを見て、特徴をつかんでください。

また、7章に、高校で学習する対数関数と三角関数の性質も示していますので、さらに学びたい方はそちらも参照してください。

1次関数

1次関数はグラフが直線となる関数で、関数の中で最も基本的なものです。

数式は$y = 2x + 1$のような形になり、一般化すると$y = ax + b$（a、bは定数でaは0でない）と表されます。

この時にaを傾き、bを切片と呼びます。

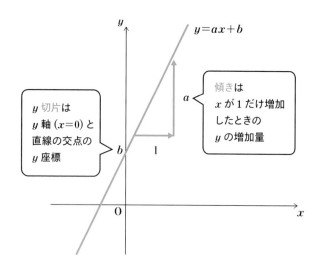

このaとb、特にaの傾きは1次関数の特徴を表す上で非常に重要です。

傾きaはxが1増えた時の増加量を表して、例えば先ほど示したようにx

が買うノートの冊数、y が合計金額という時に、傾きは 1 冊のノートの値段を表します。

　b の切片は入力 (x) が 0 の時の出力 (y) の値を示します。

2 次関数

　2 次関数は下に示すように、グラフが放物線と呼ばれる曲線になります。これは放物線という名の通り、物を投げた時の軌道がこの 2 次関数で表されるので、物理の世界でもよく登場する関数です。

　数式は $y = x^2 + x + 3$ のような形になり、一般化すると $y = ax^2 + bx + c$（a、b、c は定数で a は 0 でない）と表されます。

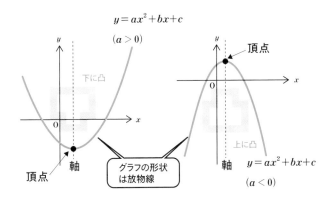

　この時 x^2 の係数 a が正であれば「下に凸」になりますし、a が負であれば「上に凸」の形となります。

　また、放物線で最小や最大をとる点を「頂点」と呼びます。頂点はよく使う言葉なので覚えておきましょう。

高次関数

　この x の○乗の数式の和で表される関数の中でよく使われるのは 1 次関数か 2 次関数です。しかし、最高次数が 3 以上の関数が使われることもあります。

例えば、最高次数が3次であれば3次関数、最高次数が6次であれば6次関数と呼ばれます。数式は例えば3次関数だと$y = ax^3 + bx^2 + cx + d$（a、b、c、dは定数でaは0でない）と表現されます。

　ここで、なぜ最高次数だけに着目するのか不思議に思うかもしれません。それは最高次の項が（xが変化した時の）最も増加や減少が速いからです。

　次のグラフでは、$y = x^6$と$y = x^4$と$y = x^2$の曲線を重ねています。次数が高くなるほど、増加や減少が速くなっていることがわかります。

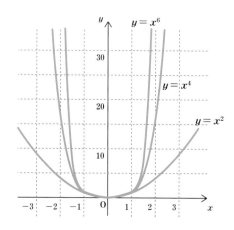

　また、高次関数は一般に次数が高くなると、くねくね曲がります。

　例えば、3次関数は一般に極値と呼ばれる点（関数が増加から減少、または減少から増加に変わる点）を2つ、4次関数は3つとります。このように次数が1つ増えるごとに極値が増えるので、くねくね曲がっていくということです。

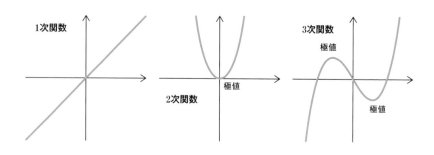

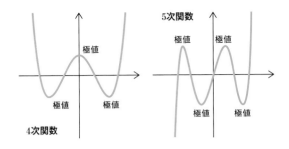

指数関数

　指数とは例えば「2^5」のように、ある数字の右肩にのった数字のことを指します。

　これはその数をかける回数を表して、例えば2^5だと$2\times2\times2\times2\times2$と2を5回かけた数を表しますし、$2^3$だと$2\times2\times2$と2を3回かけた数を表します。

　この時に$y=2^x$という関数、つまり入力xが2をかける回数で、yがその値になるような関数を指数関数と呼びます（xが分数だったり、負だったりする時の関数値については7章に示しますので、そちらを参考にしてください）。

　例えば、下のようにどんどん3匹ずつ子どもを産む生物がいたとします。この時にx世代目の個体数yは$y=3^x$と表されます。

　実は世の中にはこのように指数関数的に変化する関係が多く存在していて、数学を応用するときによく使う関数です。

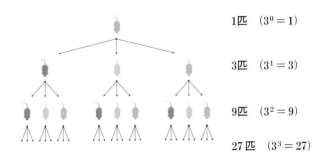

1匹　　$(3^0=1)$

3匹　　$(3^1=3)$

9匹　　$(3^2=9)$

27匹　　$(3^3=27)$

$y=2^x$のグラフは次のようになり、$x=1$の時$y=2$、$x=2$の時$y=4$、$x=3$の時$y=8$、$x=5$の時$y=32$と増加していきます。この指数関数は非常に速く増加する関数です。どれだけ次数の高い高次関数よりも、速く増加します。

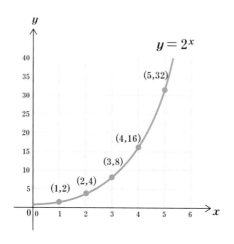

対数グラフの読み方

　先ほど説明したように指数関数は世の中にたくさん存在しています。そして、指数関数で変化する関係をグラフにするときに「対数グラフ」が使われるので、このグラフに慣れて欲しいと思います。

　対数グラフで表した方がよい例として、新聞紙を折ることを考えてみましょう。新聞紙の厚さは約0.1mmです。これを1回折ると厚さは倍になって0.2mmです。2回折ると0.4mm、3回折ると0.8mmになるわけです。
　さて、この新聞紙を25回折ると、どのくらいの厚さになるでしょうか？

「30cmくらいかな」「もしかしたら1mくらい行くのかな」
　このくらいの数字を想像されたのではないでしょうか？　しかし、結果はそれをはるかに上回るものです。実は25回折ると約3355m、つまり富士山の高さが3776mですから、それに匹敵するほどの厚さになることがわか

ります。

　もちろん、実際は折り目の影響で折れなくなってしまうのですが、本当
に折れたとするとこの厚さになります。

　この変化をグラフに表してみると、下のようになります。見ていただく
とわかるのですが、20回くらいまではほぼ0に張り付いていて、変化がな
いように見えます。実際にはどんどん厚さが増えているのですが……。

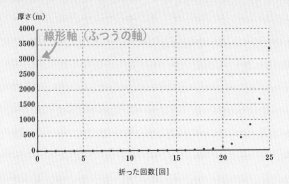

　ここでよく使われるのが「対数グラフ」です。対数グラフにこの厚さと
折った回数のグラフを書くと下の図のようになります。0から25までまっ
すぐに増加していて、直線になっていることがわかります。だから、厚さ
の変化がよくわかります。

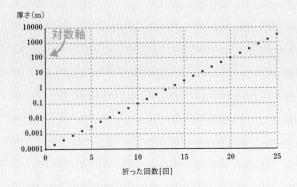

この軸は縦軸が「対数軸」になっているグラフです。対数軸とは何でしょうか。この軸をよく見てみると、0.01、0.1、1、10と目盛りが10倍になっていることがわかります。普通の軸とずいぶん違いますね。

　今まで使っていた普通の軸では、等距離の目盛りの差が同じになるようにできています。例えば1000と2000の間、2000と3000の間の距離が同じです。

　一方、対数軸では目盛りの比が同じ数字が等間隔になっています。例えば1と10の間の距離と100と1000の間の距離が同じことがわかるでしょう。

　対数軸はこのように同じ比が等間隔になる軸です。1から100までの対数軸上に目盛りを描いた図を下に示します。

　先ほど10倍が同じ目盛りと説明しましたが、同様に2倍（例えば1から2、2から4、4から8、そして20から40）の距離が同じ距離になっています。3倍（例えば、1から3、3から9、30から90）も等距離になっています。

対数軸のしくみ

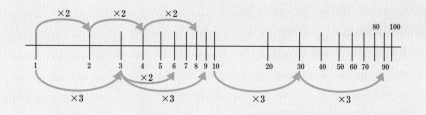

　このような対数軸は、身の回りにもたくさんありますので、気をつけて見てみましょう。

数学の世界での微積分

BIBUN
SEKIBUN

1章と2章で微積分がどういうものか、数式を使わずに説明しました。そして、3章で数式の持つ力と数式を使うための基礎についてお伝えしました。これで数式のすごさを感じていただけていれば嬉しいです。

この4章ではその数式を微分したり、積分したりする具体的な方法についてお伝えします。

4 – 1

積分で面積を求める

　2章で、積分は面積を求める「すごいかけ算」という話をしました。3章で数式について説明しましたので、あらためて数式で面積を求めるとはどういうことかについて説明していきます。

　まず、下のように1次関数$y = x + 1$があったとします。この数式を積分することを考えてみましょう。ここでいう面積とは、x軸と関数$y = x + 1$で囲まれた面積になります。
　ただ、面積を求めるためには、範囲が必要なことがわかるでしょう。ここではxが1から3までの範囲で積分することにします。

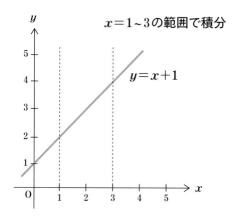

　この図形の面積の計算は簡単ですよね。次の図のように四角形と三角形に分割します。四角形はx軸方向の長さが2でy軸方向の長さが2、つまり正方形なので面積は4となります。そして、上の三角形は底辺が2で高さが2なので、底辺×高さ÷2で2と求められます。だから、この図形の面積は6となります。

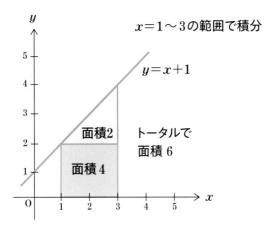

つまり、この1次関数$y=x+1$をxが1から3までの範囲で積分すると、その値は6となるわけです。

あとで詳しく説明しますが、この計算を数学的に表記すると下のようになります。このように見てみると、いかにも難しそうな積分の記号の意味も見えてきますよね。

$$\int_1^3 (x+1)\,dx = 6$$

⟶ 関数 $y=x+1$(xは1〜3まで)と x 軸で作る図形の面積は6

この例は簡単でしたが、次に2次関数を積分することを考えてみましょう。例えば$y=x^2$という関数をxが1から3の領域で積分してみる、すなわち次の図で示す面積を計算するわけです。

1次関数の時は直線で囲まれた図形でしたので、小学生の知識でも面積を求めることができました。しかし、この2次関数（放物線）で囲まれた図形の面積は簡単には求めることができそうにはありません。

これはどうやって求めればよいでしょうか？

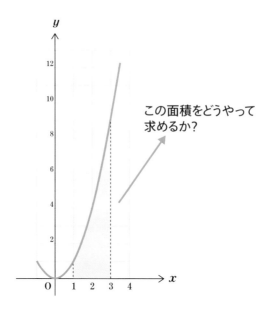

この面積をどうやって求めるか?

　もうお気づきかもしれませんが、この面積を求めるテクニックこそが積分なのです。

　これからそのテクニックをお伝えしていきますが、そのためには微分と導関数という概念を理解する必要があります。

　ですので、まず微分の説明から進めます。

4 − 2 微分で傾きを求める

　微分について説明しましょう。2章で微分は、傾きを求める「すごいわり算」と説明しました。ですから、積分と同様に簡単な関数で傾きを考えてみましょう。

　まず1次関数です。ここでは$y = 2x + 1$という関数を微分することを考えてみましょう。

　微分はある点での傾きを求めることです。ここでは$x = 2$の時、つまり$(2, 5)$という点において、この関数を微分してみることを考えましょう。この傾きの値を少し難しい言葉で微分係数とも呼びます。

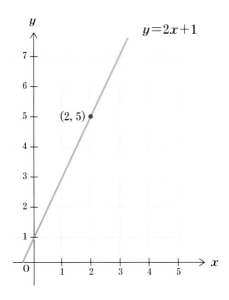

　傾きというのはxが1増えた時のyの増加量でした。この$y = 2x + 1$という関数の傾きは2、つまりxが1増えるとyは2増加するわけです。この関数は直線ですので、それは直線上のどの点でも同じです。

例えば、x が1から2に増える時の傾きも、x が2から3に増える時の傾きも同じ2です。

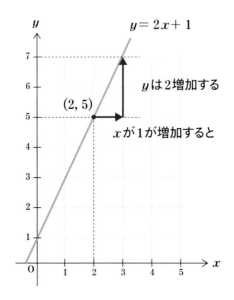

　ですから、$x = 2$ の時も傾きは2となるので、この1次関数を $x = 2$ で微分すると2となるわけです。

　後ほど詳しく説明しますが、この計算を数式で書くと下のようになります。この1次関数を $f(x) = 2x + 1$ とおいています。

「′」があることに注意

$$f(x) = 2x + 1 \quad \xrightarrow{\text{微分}} \quad f'(x) = 2 \quad (f'(2) = 2)$$

$x = 2$ における傾きは2

　この時に、微分した値はどの x でも2になります。$f'(x) = 2$ と関数が x によらないのが異様にも見えますが、これはどんな x を入れても2となる定数関数と呼ばれます。もちろん $x = 2$ の値は $f'(2) = 2$ となるわけです。

　この例は簡単でしたが、次に2次関数で同じことを考えてみます。例えば $y = x^2$ という関数を $x = 2$ で微分することを考えてみます。

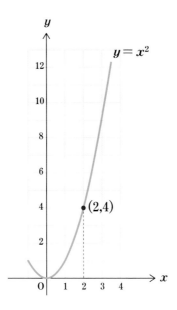

　グラフにすると、$x = 2$の時、つまり点$(2, 4)$で微分するわけです。この点における傾きはこの図のように、$x = 2$においてこの放物線と接する直線の傾きになります。この傾きを求めるためにはどうすればよいでしょうか？

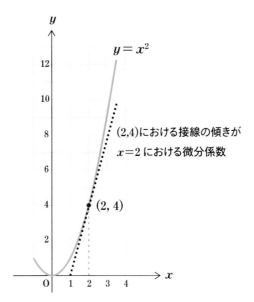

$(2,4)$における接線の傾きが
$x = 2$における微分係数

ちなみに曲線と直線が「接する」って何だろう、と疑問に思う人もいるかもしれません。曲線と直線が接するとは下図のようになめらかな曲線と直線が1つの点だけを共通に持つ状態です。

　この接する状態になるためには直線の傾きが重要です。接する傾きから、傾きを少し大きくしても、少し小さくしても直線と曲線は2点で交わります。これが1点だけになる状態を「接する」状態と呼んでいます。

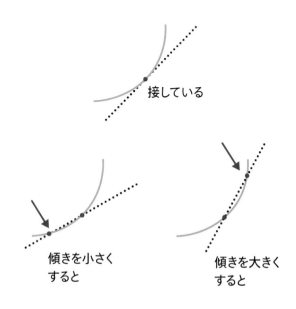

いずれも 2 点で交わるようになる

　話は戻りますが、$y = x^2$の$x = 2$における傾きを求めることは、簡単にはできないようです。とりあえず1次関数と同じようにしてみます。例えばxが1から2に変化する時の直線の傾きは3になるし、xが2から3に変化する時の直線の傾きは5になります。$x = 2$における接線の傾きはその間の数値になりそうですが、これだけでは求めることはできません。

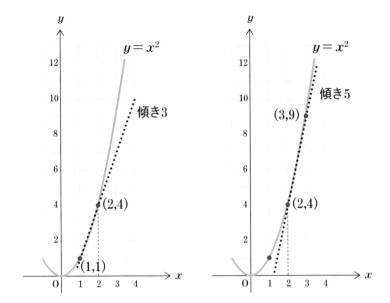

　1次関数の場合はどこで求めても傾きは同じでしたが、今回はそう簡単にはいきません。

　この2次関数を微分する、つまり$x = 2$の点での接線の傾きを求めるためにはどうしたらよいのでしょうか？

　お気づきでしょうが、この傾きを求めるテクニックこそが微分なのです。

4 – 3　　導関数とは「傾きの関数」

　積分とは面積を求めるもので、微分とは傾きを求めるものであること。そして今までの議論で、1次関数であれば微分も積分も簡単だが、2次関数になると簡単ではなくなることを説明しました。

　まず、ここでは微分のテクニックについて説明したいと思います。

　結論から言うと、2次関数のように単純な関数であれば、導関数と呼ばれる関数が存在します。そして、その導関数が傾き、つまり微分係数を示しているのです。

導関数
（ある関数の傾きを与える関数）

注目

$$f(x) \text{ の導関数は } f'(x)$$

　先ほどの $f(x) = x^2$ の $x = 2$ における微分係数は次のように求めます。

　$f(x) = x^2$ の導関数 $f'(x)$ は $f'(x) = 2x$ となります。ここで導関数は $f(x)$ に「′」ダッシュを追加して表現することに注意してください。

　そして $f'(x) = 2x$ であれば、この式に $x = 2$ を代入した値 $f'(2)$ は4となります。つまり、$y = x^2$ の $x = 2$ における接線の傾き（微分係数）は4なのです。

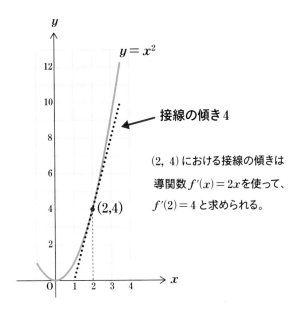

(2, 4) における接線の傾きは
導関数 $f'(x) = 2x$ を使って、
$f'(2) = 4$ と求められる。

接線の傾き4

$y = x^2$

　ちなみにこの導関数はあらゆる値で使えます。例えば $y = x^2$ の $x = 1$ における傾きは $f'(x) = 2x$ に $x = 1$ を入れて $f'(1) = 2$ と求められます。同様に、$x = 3$ における傾きは $f'(3) = 6$ と計算できるわけです。

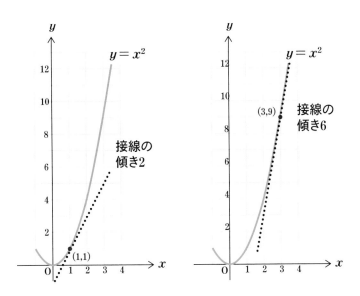

やや、唐突に導関数という言葉が出てきましたが、導関数とはある関数の傾きを与えてくれる関数というわけなのです。「そんな関数どうやって求めるの？」と思うかもしれませんが、それはあとで説明しますので、まずこの事実を受け止めてください。

重要なので繰り返します。ある $f(x)$ の導関数 $f'(x)$ とは、$f(x)$ 上の傾きを与えてくれる関数です。

この導関数の求め方ですが、$f(x) = x^3$ といったべき関数であれば、$f(x) = x^n$ の導関数 $f'(x)$ は $f'(x) = nx^{n-1}$ となります。つまり、$f(x) = x^3$ であればその導関数 $f'(x)$ は $f'(x) = 3x^2$ となるのです。そして、$f(x) = 5$ などの定数関数は x の値によって変化しない、つまり傾きは 0 なので、$f'(x) = 0$ となります。

慣れていただくために、具体例を多数示します。微分とか導関数というと難しく思えます。でも、この計算を見ると、ルールさえ教えれば小学生でも簡単にできるものだとわかるでしょう。
そして、ある関数の導関数を求めることを「（関数を）微分する」と呼びます。

$$f(x) = x^n \qquad \text{なら、この導関数は} \qquad f'(x) = nx^{n-1}$$

$$f(x) = x^3 \quad \xrightarrow{\text{微分}} \quad f'(x) = 3x^2$$

$$f(x) = 3x^2 + 5 \quad \xrightarrow{\text{微分}} \quad f'(x) = 6x$$

$$f(x) = 5x^4 + 4x^3 + 6 \quad \xrightarrow{\text{微分}} \quad f'(x) = 20x^3 + 12x^2$$

ここでは傾きを与えてくれる導関数がなぜこのように導かれるのかは触れていません。それは 5 章で詳しく説明します。

しかしその求め方よりも、「導関数は傾きを表す」ことの方がはるかに重要ですので、まずは「導関数は傾きの関数」の認識をしっかりと持ってください。それが微積分攻略の最短ルートです。

下にグラフである関数とその導関数の関係を示します。導関数は「傾きの関数」であることを視覚的にもイメージできるようになってください。

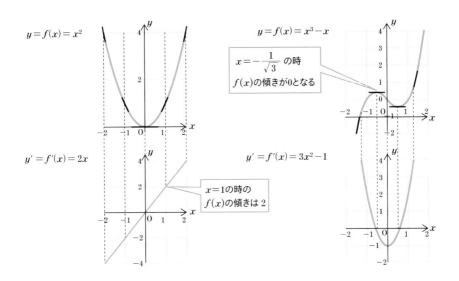

積分は微分の逆演算

さて、先ほどの節で「導関数は傾きの関数」とうるさく、何回も書きました。しかし、それだけ繰り返す理由は本当に重要だからです。何を忘れても、「導関数は傾きの関数」だけは忘れないようにしてくださいね。

これが理解できれば、微分の構造の重要な部分は理解できたと思います。ですから、次のステップに進みましょう。次は積分の計算をするために必要なことで、「積分は微分の逆演算」ということです。つまり、かけ算とわり算のように、積分と微分は互いに逆の演算になっています。

この「積分は微分の逆演算」も非常に重要です。

先ほどの「導関数は傾きの関数」と「積分は微分の逆演算」そして「原始関数は面積の関数」が腑に落ちれば、高校レベルの微積分の構造はほぼ理解できたと言ってよいでしょう。

ある関数 $f(x)$ の導関数 $f'(x)$ を求めることを微分と言いました。そして、微分して求められる導関数は傾きの関数です。

積分にも同様な関係がありますが、微分より少し複雑になります。実は積分には2つの意味があります。1つ目が面積を求めることでこれを定積分と呼びます。そして、2つ目が「面積の関数」を求めることで、不定積分と呼びます。

1つ目の意味だと関数を積分して得られるのは「面積」という数字になります。一方、2つ目の意味だと関数を積分すると、関数が得られるわけです。

積分の2つの意味

① 面積を求める積分

② 関数を求める積分

定積分

$$\int_a^b f(x)dx = \underset{\text{面積}}{S}$$

不定積分

$$\int f(x)dx = \underset{\text{原始関数}}{F(x)}$$

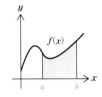

$$F'(x) = f(x)$$

　本書におけるここまでの「積分」は面積を求める意味（定積分）で使っていましたが、ここでは2つ目の「面積の関数」を求めるという意味（不定積分）で積分という言葉を使います。

　ある関数 $f(x)$ を（不定）積分すると、面積の関数 $F(x)$ が得られます。この関数 $F(x)$ を原始関数と呼びます。
　そして原始関数 $F(x)$ を微分する、すなわち $F(x)$ の導関数が元の関数 $f(x)$ になるという性質があります。ということは、$f(x)$ の導関数 $f'(x)$ を積分すると元の関数 $f(x)$ に戻るわけです。

　つまり、関数 $f(x)$ を積分すると原始関数 $F(x)$ となり、原始関数 $F(x)$ を微分すると元の関数 $f(x)$ に戻ります。そして関数 $f(x)$ を微分すると導関数 $f'(x)$ となり、その導関数 $f'(x)$ を積分すると元の関数 $f(x)$ に戻ります。
　つまり、微分と積分、導関数と原始関数は次のような関係でつながっています。

$$f'(x) \quad \xrightarrow{\text{積分}} \quad f(x) \quad \xrightarrow{\text{積分}} \quad F(x)$$
$$\xleftarrow{\text{微分}} \qquad \xleftarrow{\text{微分}}$$

導関数　　　　　　　　　　　　　　　　　　　　　　　原始関数

　かけ算とわり算は逆演算です。つまり、ある数に2をかけて、それを2で割れば元の数に戻ります。

　それと同じように積分と微分も逆演算です。積分は「すごいかけ算」で、微分は「すごいわり算」なのですから、同じことなのです。つまり、ある関数を積分して原始関数を得ます。そして、その原始関数を微分すると元の関数に戻るわけです。

　これがこの節の冒頭で紹介した「積分は微分の逆演算」という言葉の意味になります。ここを理解すれば微積分の全体像まであと少しです。

（注意）　120ページで書いているように、ある関数の原始関数は積分定数Cを含み1つに定まりません。ですので、ある関数$f(x)$の原始関数$F(x)$を微分すると元の$f(x)$に確実に戻りますが、$f'(x)$を積分すると厳密には$f(x)$そのものではなく、$f(x)+C$となることに注意してください。

　ここから「積分は微分の逆演算」であること、微分と積分が傾きと面積でつながっていることを理解していただくために、具体例を紹介します。

　次ページのように関数$y=f(x)=x^2$とその導関数$f'(x)=2x$を考えます。

　この導関数の$x=0$から2までの面積は4となり、この値は元の関数$f(2)=4$と一致しています。

郵 便 は が き

料金受取人払郵便

牛込局承認

9258

差出有効期間
2025年11月5日
まで

（切手不要）

162-8790

東京都新宿区
岩戸町12レベッカビル
ベレ出版

　　読者カード係　行

‖‖‖･‖‖･‖‖‖‖‖･‖‖‖‖‖‥‥‖‖‖‖‖‖‖‖‖‖‖‖‖‖‖‖‖‖‖‖‖‖‖‖‖‖‖‖

お名前		年齢
ご住所　　〒		
電話番号	性別	ご職業
メールアドレス		

個人情報は小社の読者サービス向上のために活用させていただきます。

ご購読ありがとうございました。ご意見、ご感想をお聞かせください。

● **ご購入された書籍**

● **ご意見、ご感想**

● 図書目録の送付を   希望する   希望しない

ご協力ありがとうございました。
小社の新刊などの情報が届くメールマガジンをご希望される方は、
小社ホームページ（https://www.beret.co.jp/）からご登録くださいませ。

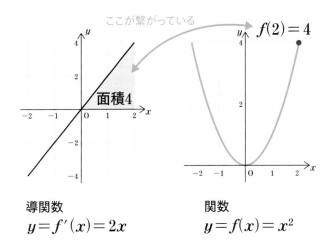

ここが繋がっている

面積4

$f(2) = 4$

導関数
$y = f'(x) = 2x$

関数
$y = f(x) = x^2$

　この場合、導関数 $f'(x)$ において、x が 0 から a までの面積が $f(a)$ の値を示していることがわかります。

　つまり、$f'(x)$ から見ると $f(x)$ は原始関数で、$f(x)$ は $f'(x)$ の面積を表す関数になっているのです。

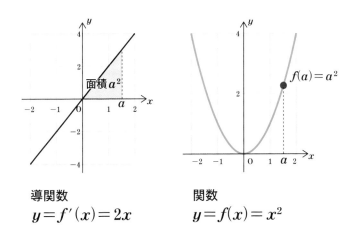

面積 a^2

$f(a) = a^2$

導関数
$y = f'(x) = 2x$

関数
$y = f(x) = x^2$

　さらに理解を深めるために、もう1つ簡単な例で確認してみましょう。

例えば $y = f(x) = 2$ という関数を考えます。

　これは x によらず一定の値なので関数に見えないかもしれませんが、これも立派な関数です。つまり、何の x を入れても 2 が出てくる箱ということですね。

　この時、$f(x) = 2$ の原始関数、すなわち微分すると $f(x) = 2$ になる関数の 1 つとして $F(x) = 2x + 1$ という 1 次関数があります。これらの関数の関係を調べてみましょう。

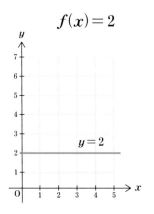

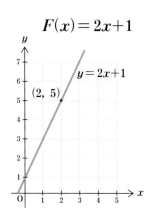

　例えば $f(x)$ の x が 0 から 2 の部分の面積、つまり 2×2 の四角形の面積は 4 となります。

　この面積に原始関数 $F(x) = 2x + 1$ の $x = 0$ の時の値、つまり $F(0) = 1$ の 1 を加えると、5 となります。これは $F(2) = 5$ と等しくなるのです。

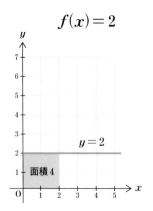

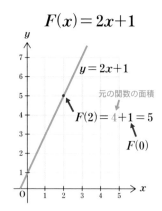

偶然かもしれないので、もう1点見てみましょう。今度は$f(x)$のxが0から3の部分の面積を考えると6となります。

　この面積に原始関数$F(x) = 2x+1$の$x = 0$の時の値、つまり$F(0) = 1$の1を加えると7になります。やっぱり$F(3) = 7$と等しくなりました。

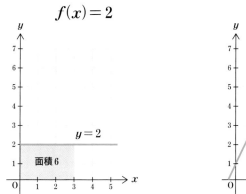

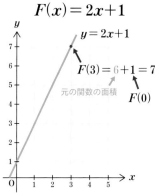

　このように、関数$f(x)$の0からaまでの面積に$F(0)$（原始関数の$x = 0$の値）を加えたものは、$F(a)$（原始関数の$x = a$の値）に等しくなります。

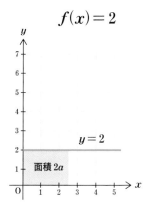

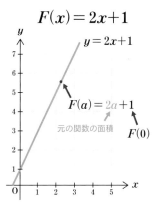

　以上の例から、関数$f(x)$の面積が原始関数$F(x)$を示していることがわかります。

　（なお面積に$F(0)$を加える理由は、関数$f(x)$の0から0までの面積（幅

が0）は常に0だからです）

　一方、原始関数 $F(x)$ の傾き（常に2）は、元の関数の値である $f(x) = 2$ と等しくなっています。

　関数 $f(x)$ と導関数 $f'(x)$ と原始関数 $F(x)$ は微分と積分の関係でつながっています。

　ある関数 $f(x)$ の導関数 $f'(x)$ が $f(x)$ の傾きを表しているように、ある関数 $f(x)$ の原始関数 $F(x)$ は元の関数 $f(x)$ の面積を示しているのです。

$$f'(x) \quad \xrightarrow{\text{積分・面積}} \quad f(x) \quad \xrightarrow{\text{積分・面積}} \quad F(x)$$
$$\text{導関数} \quad \xleftarrow[\text{微分・傾き}]{} \quad \xleftarrow[\text{微分・傾き}]{} \quad \text{原始関数}$$

微積分の構造

　ここまでお伝えしてきたことで重要なことをもう一度まとめておきます。

　・**微分は傾きを求めること**
　・**（定）積分は面積を求めること**
　・**微分は積分の逆演算**
　・**導関数は傾きの関数**
　・**（不定）積分で求められる原始関数は面積の関数**

　これだけのことが理解できれば、高校レベルにおける微積分の構造は完璧に理解できたといえます。
　導関数と原始関数は、元の関数と微分や積分を通じて繋がっています。そして、元の関数の傾きや面積が導関数や原始関数となるのです。
　この構造を図にしました。これが高校で習う微積分の全体構造と言えます。「木を見て森を見ず」という言葉がありますが、この図がまさに微積分の「森」です。

　高校ではこれを教えられることはありませんが、計算テクニックや微積分の定義を学ぶ前に、これをぜひ頭に入れておいてほしいと思います。

　（注意）　120ページで書いているように、ある関数の原始関数は積分定数 C を含み1つに定まりません。ですので、$f(x)$ の原始関数 $F(x)$ を考える時に、厳密には $f(x)$ の0からの面積に一致する $F(x)$ は $F(0)=0$ を満たす1つであることに注意してください。

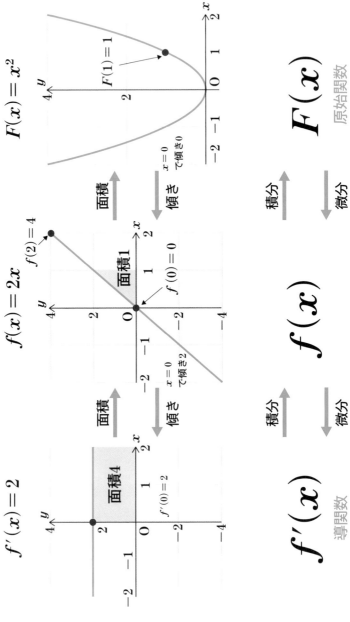

微積分の構造

※大事なので大きく表示します。

$f'(x) = 2$
導関数

$f(x) = 2x$

$F(x) = x^2$
原始関数

面積4

$f'(0) = 2$

面積 ←

傾き ←
$x = 0$
で傾き2

面積1

$f(0) = 0$

$f(2) = 4$

面積 ←

傾き ←
$x = 0$
で傾き0

$F(1) = 1$

$f'(x)$
導関数

$f(x)$

$F(x)$
原始関数

積分 ←

微分 →

積分 ←

微分 →

4 - 6 微積分で使われる記号

　ここまで読んでいただければ、微積分の基本的な構造を理解いただけたと思います。これからは数学の世界ではこの微積分をどのように記述するか、その記号や言葉について説明していきます。

　まず、微分からです。微分とは傾きを求めることです。そして、ある関数$y = f(x)$の導関数、つまり傾きの関数を求めることを、関数$y = f(x)$を微分するといいます。

　この時、$y = f(x)$の導関数には色々な表記方法があります。y'であったり、$f'(x)$であったり、ダッシュを使って表現する方法や$\frac{dy}{dx}$や$\frac{d}{dx}f(x)$のようにdyやdxを使って表現する方法もあります。

　しかし、これ全部同じ意味ですので、混乱しないようにしてください。

　また、$\frac{dy}{dx}$という表現はdyをdxで割ったという分数の形になっています。dは単なる文字であれば、約分して消えてしまうと思うかもしれません。でも、このdは文字ではなく、微分を表す記号です。

　dは意味として「微小」というニュアンスがあります。$\frac{y}{x}$なら単にyをxで割るというわり算ですが、dをつけることにより、微小のyを微小のxで割る、つまり微分を意味するわけです。

　ただ、わり算という本質は変わりません。ここからも微分が「すごいわり算」ということの一端が見えています。

そして、関数は2回以上微分することもできます。つまり、導関数$f'(x)$

の傾きの関数というものも考えられるのです。これを第2次導関数と呼びます。

その関数を$f''(x)$などと表現することもあります。

以下の表に微分の表記についてまとめます。表記や名前が色々あってややこしいですが、全て同じものを指しているので見た目に惑わされないようにしてください。

	y'表記	$f'(x)$表記	dy/dx表記	$d/dx\,f(x)$表記
第1次導関数 （1次微分）	y'	$f'(x)$	$\dfrac{dy}{dx}$	$\dfrac{d}{dx}f(x)$
第2次導関数 （2次微分）	y''	$f''(x)$	$\dfrac{d^2 y}{dx^2}$	$\dfrac{d^2}{dx^2}f(x)$
第n次導関数 （n次微分）	$y^{(n)}$	$f^{(n)}(x)$	$\dfrac{d^n y}{dx^n}$	$\dfrac{d^n}{dx^n}f(x)$

次に積分です。積分には2種類の積分があります。それは定積分と不定積分です。定積分は面積を求めるための積分、不定積分は原始関数（元の関数の面積を示す関数）を求めることです。

まず、定積分の表記方法から説明します。

$y = f(x)$という関数があった時に、下に示すように例えばxがaからbまでの区間で積分して面積を求める計算を次のように記載します。

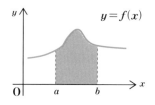

$\int$の記号はSummationのSで足し合わせるという意味の英語の頭文字です。そして、$f(x)dx$は$f(x)$という関数にdxをかけたということを意味しています。このdは先ほどの微分と同じで、「微小」の意味があります。

$$\int_a^b f(x)dx$$

b まで

a から

意味 ➡️ $f(x)$ に微小の x をかけたものを a から b まで足し合わせる。

つまり、積分の本質は関数 $f(x)$ に dx（微小の x を表現します）を「かけた」ということです。これからも積分が「すごいかけ算」であることがわかります。

例えば $y = x+1$ という関数を x が1から3までの区間での面積を求める、つまり定積分を求めることは、次のように記載します。答えはこの部分の面積の6となります。

$$\int_1^3 (x+1)dx = 6$$

面積6

$y = x+1$

次に不定積分です。ある関数 $f(x)$ の不定積分とは原始関数を求めることです。つまり、微分すると $f(x)$ となる関数、つまり $\dfrac{d}{dx}F(x) = f(x)$ を満たす関数 $F(x)$ を求めることです。

不定積分は下のように記載します。

$$F(x) = \int f(x)dx$$

意味 ➡️ $F(x)$ は 関数 $f(x)$ の原始関数

定積分の積分区間が無いだけということです。記載方法は似ていますが、定積分は面積の「値」を表していますし、不定積分は原始関数という「関数」を表します。意味は大きく異なりますので、しっかり区別するよう

にしましょう。

例えば $y = x$ という関数の不定積分は下記のようになります。

$$\int x \, dx \;\; = \;\; \frac{1}{2}x^2 + C$$

積分定数（任意の定数）

ここで積分定数 C というものが現れますので、それについて説明します。

ある関数 $f(x)$ を微分した関数、つまり導関数は1つに定まります。しかしながら、微分すると $f(x)$ になる関数、つまり原始関数は1つには定まりません。

この例の場合だと、$\frac{1}{2}x^2$ は確かに微分すると x になりますが、同様に $\frac{1}{2}x^2 + 1$ も微分すると x になります。

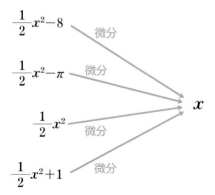

つまり定数は微分すると0になりますから、足しても導関数は変わりません。だから、$\frac{1}{2}x^2$ に定数項を加えた関数は全て導関数が x になります。つまり、微分すると x になる原始関数は1つには定まりません。

ですので、不定積分は積分定数 C を使って表現するわけなのです。

なお積分定数を「任意定数」と呼ぶこともありますが、同じものと考えてよいです。

4 – 7　微積分の計算方法

　次に微分の計算方法を改めて説明します。べき関数x^nの導関数はnx^{n-1}であることは微分の節で紹介しました（p.106）。また、定数関数$f(x) = c$は傾きがゼロですから、$f'(x) = 0$となります。

　そして、線形性という性質も重要です。これは足し合わせた関数を微分すると、個々の関数を微分した関数を足し合わせたものになるということです。

　例えば関数$f(x) = x^2$の導関数は$f'(x) = 2x$、関数$g(x) = x$の導関数は$g'(x) = 1$となります。この時に関数$f(x) + g(x)$、つまり関数$x^2 + x$の導関数は$f'(x) + g'(x)$、つまり$2x + 1$となります。なお、かけ算のルールは異なります。$f(x) \times g(x)$の導関数はそれぞれの導関数の積$f'(x) \times g'(x)$とはなりませんので注意してください。詳細については7章をご覧ください。

　下に例を示します。ルール自体は簡単ですので、このくらいなら上手に教えれば小学生でもできてしまうでしょう。

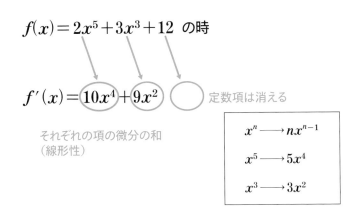

$$f(x) = 2x^5 + 3x^3 + 12 \ \text{の時}$$

$$f'(x) = \boxed{10x^4} + \boxed{9x^2} \quad \bigcirc \quad \text{定数項は消える}$$

それぞれの項の微分の和
（線形性）

$$x^n \longrightarrow nx^{n-1}$$
$$x^5 \longrightarrow 5x^4$$
$$x^3 \longrightarrow 3x^2$$

　なお、三角関数や指数関数など、さらに難しい関数の微分については7章をご覧ください。

次は積分の計算です。先はどの節で解説したように、微分してその関数になる関数、つまり原始関数を求めることが不定積分です。x^n の原始関数は下のように $\dfrac{1}{n+1}x^{n+1}+C$ となります。C は積分のところで説明した積分定数です。

$$\int x^n\,dx=\frac{1}{n+1}\,x^{n+1}+C\quad(C\text{は積分定数})$$

　そして、次は面積を求める定積分です。定積分は原始関数を使って計算します。例えば、a から b まで積分する場合、$f(x)$ の原始関数を $F(x)$ とすると、$F(b)-F(a)$ となります。原始関数は $f(x)$ の面積の関数ですので、この手順で計算ができます。

　公式的に書くと下のようになります。求めるのはあくまで面積であるとイメージしましょう。

$$\int_a^b f(x)\,dx=[F(x)]_a^b=F(b)-F(a)$$

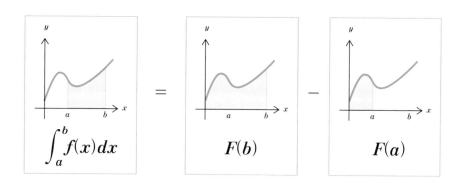

　慣れていただくために、例をあげます。

微積分の計算方法の定積分の例題

関数 x^2 を 1 から 3 まで積分する

→ 関数 $y = x^2$ の区間 $x = 1 \sim 3$ までの面積

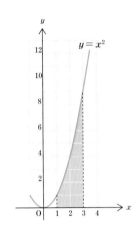

$$\int_1^3 x^2 \, dx = \left[\frac{1}{3} x^3 \right]_1^3$$

$$= \frac{1}{3} \times 3^3 - \frac{1}{3} \times 1^3$$

$$= \frac{26}{3}$$

　ちなみに不定積分では積分定数 C が出てきましたが、定積分では積分定数の考慮は不要です。なぜなら $F(b) - F(a)$ を計算するわけですが、定数項 C があったとしても $(F(b) + C) - (F(a) + C)$ となり C は消えてしまうからです。だから、簡単に $C = 0$ の場合で計算してしまって OK です。

　定積分は面積を求める計算ですが、下に示すように積分される関数が負の時には、定積分の値は負になることに注意してください。積分とは $f(x)$ に微小な x をかけて足し合わせることでもありますから、$f(x)$ が負であれば定積分の結果も負となります。

$$\int_a^b f(x) \, dx = A$$

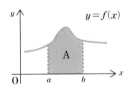

$$\int_a^b \{ -f(x) \} \, dx = -A$$

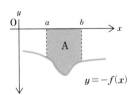

最後に積分の区間についての注意です。例えば、aからbまでを、bからaまで積分すると、積分値の符号が逆になります。

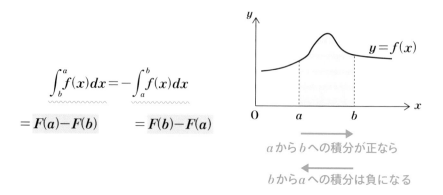

$$\int_b^a f(x)dx = -\int_a^b f(x)dx$$

$$= F(a) - F(b) \qquad = F(b) - F(a)$$

aからbへの積分が正なら

bからaへの積分は負になる

　このくらいのルールを知っておけば、定積分も計算できるようになると思います。勉強する時にはルールに従って計算することに集中してしまいがちですが、定積分は面積を求める計算、というイメージを持ちながら計算するようにしましょう。

　意味をわかってやるのとわからないでやるのとでは、同じことをしても理解に大きな差が出ます。

4-8

ネイピア数はなぜ重要なのか？

ネイピア数という言葉を聞いたことがあるでしょうか？

これは円周率の π のように数学ではとても重要な意味がある数字です。

　無理数ですので、π と同じように小数で表すと下のように無限に続きます。

$$e = 2.718281828459045235364\cdots\cdots$$

　さて、円周率 π は円の直径と円周の比という意味がありますので、その重要性は理解できるでしょう。

　それではネイピア数 e の重要性とは何なのでしょうか？

　それはネイピア数の指数関数にあります（指数関数について詳しくは7章をご覧ください）。

　$f(x) = e^x$ という関数に重要な性質があるのです。それはこの関数を微分すると $f'(x) = e^x$、つまり微分しても同じ関数になるということです。だから、原始関数も e^x になります（積分定数 C は省略）。

　言い換えると、次ページの図のように元の関数と導関数が同じ、$f(x)$ の値と傾きが等しい関数ということになります。

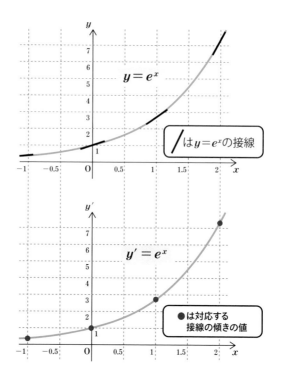

　このような性質を備えているので、微分方程式を解くとeがたくさん登場します。だからeは重要な値なのです。このネイピア数の重要性は微分を学んではじめて理解することができます。

　ちなみに関数電卓や表計算ソフトではexpという関数（exponentialの頭文字）でe^xを計算できるようになっています。科学技術の計算ではとてもよく出てきますので、専用のボタンや関数が割り振られているのです。

無限の力で
微積分は
完璧になる

4章までで、「微積分とは何か」、「微積分はどのように行なうか」は理解していただけたでしょうか。微積分を活用する目的であれば、ここまでの知識で十分です。

この章で説明するのは、微積分という学問の土台を作っている「極限」という考え方です。133ページから説明しますが、一言で言うと「極限」とは「変数がある数に限りなく近づくとき、関数値が何に近づくか」という概念です。この「極限」という考え方を使うと、微積分が完璧な学問になるのです。

ただ、この考え方を理解するためには、数学における「無限」の扱い方を学ぶ必要があります。実際のところ、高校で微積分が難しく感じるのは、入り口で「極限」や「無限」の考え方を受け入れるのが難しいからだと思います。

でも安心してください。4章までの考え方が理解できていれば、順に学ぶことで、必ず理解できるでしょう。

5−1 円の面積の公式は本当なのか？

　小学校で円の面積の公式を勉強したと思います。実は、ここに積分や無限の考え方が隠れています。

　円の面積は半径 × 半径 × 円周率ですね。数学風に書くと「πr^2」となります。

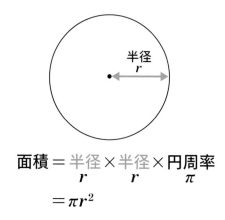

$$\text{面積} = \underset{r}{\text{半径}} \times \underset{r}{\text{半径}} \times \underset{\pi}{\text{円周率}}$$
$$= \pi r^2$$

　ちなみに円周率とは何か知っているでしょうか？　この質問をすると一番多いのが「3.14 です」という答えだったりします。しかし、これは単なる数字であって円周率の意味ではありません。

　この円周率をしっかり理解しておかないとこの先の議論ができませんので、念のため解説しておきます。

　円周率とは直径と円周の比です。つまり、次の図に示すように円があって、直径を何倍すると円周の長さになるのか、という数字です。この数字がおおよそ 3.14 となります。

円周率とは

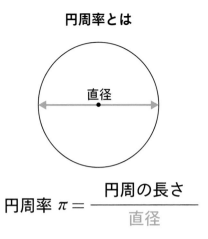

$$\text{円周率 } \pi = \frac{\text{円周の長さ}}{\text{直径}}$$

　つまり、直径1mの円であれば、円周の長さはおよそ3.14mとなるわけです。公式にすると、直径は半径の2倍ですから、円の半径をrとすると直径は$2r$になります。そして円周率をπとすると、円周は半径rを使って$2\pi r$とおけることになります。

　円周率は直径と円周の比、このことをしっかり頭に入れておきましょう。

　話を円の面積に戻します。
　ここまで積分を勉強してきたあなたには、この「面積を求める」ことが積分であることがわかるでしょう。小学校で習った円の面積がπr^2になる理由を覚えているでしょうか？

　考え方は次のようになります。円を扇形に分割して並べます。分割数が少ない時にはよくわからない図形になります。しかし、分割数をどんどん大きくすると見え方が変わってきます。

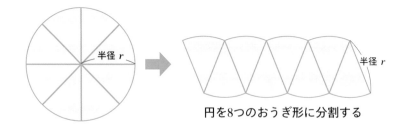

円を8つのおうぎ形に分割する

　例えば、次の図くらいに分割数を大きくすると、長方形に近づいていくことがわかると思います。このように長方形っぽくして、その面積を求めてやろうというわけです。

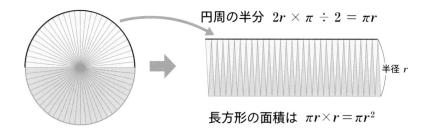

円周の半分　$2r \times \pi \div 2 = \pi r$

半径 r

長方形の面積は　$\pi r \times r = \pi r^2$

　この時に縦の長さは半径そのものになります。そして、横の長さは上の図に示すように円周の半分の長さと考えられるでしょう。

　円周は直径 × 円周率で、直径は半径の2倍ですから、横の長さは$2\pi r \times \dfrac{1}{2}$で結局$\pi r$になります。ですから、この長方形の面積は$\pi r^2$となるわけです。

　小学校の算数の教科書や参考書にはこんなことが書かれていますが、この説明で納得いただけたでしょうか？　でも、よくよく考えると少しおかしなことがあります。

　確かに分割数を多くすると、「だいたい」長方形のように見えます。しかし、円周は直線ではありませんから、どれだけ細かく分割しても、直線にはならないはずです。

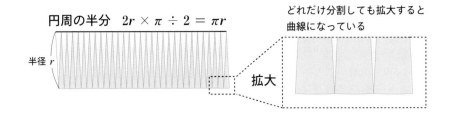

円周の半分　$2r \times \pi \div 2 = \pi r$

半径 r

どれだけ分割しても拡大すると曲線になっている

拡大

　実際のところは、扱う数字には多少の誤差を含んでいても大丈夫なので、問題はないでしょう。しかしながら、厳密には円の面積は πr^2 にはならないような気がします。ということは、教科書に出ている円の公式は厳密ではないのでしょうか？

　結論からいうと、教科書は正しいです。円の面積は厳密に πr^2 です。誤差は全くありません。これはどういうことなのでしょう。

　数学の世界ではこの問題をこのように扱います。
　扇形に分割した図形の面積は厳密には求められませんが、少なくとも次の2つの平行四辺形の面積の間にあるはずです。つまりAの平行四辺形よりは大きく、Bの平行四辺形よりは小さいのです。

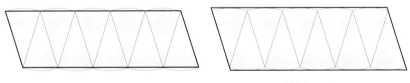

円周の内側の平行四辺形 A　　　　　円周の外側の平行四辺形 B

Aの面積 S_A より、Bの面積 S_B のほうが大きい
真の面積 S はこの間にあるはず

$$S_A < S < S_B$$

　そして、分割数を1万個にしようが、1億個にしようが、1兆個にしようが、AもBも πr^2 にはなりません。しかし、Aの面積は分割数を大きくする

につれて大きくなっていき、Bは分割数を大きくするにつれて小さくなります。

　そして、AもBも分割数を大きくするとある同じ数に近づいていくとすると、円の面積はその数と考えるのが自然だと思いませんか？　そして、その近づいていく数こそが円の面積πr^2なのです。

　つまり、分割数が有限だったら厳密には面積がπr^2にはならないけど、分割数を無限にすると面積がπr^2と考えます。

　この「大きくするとある数に近づいていく」とか、「分割数を無限にすると」という考え方が数学の微積分で現れる、極限や無限の考え方につながっていきます。

　数学という学問としての観点では、微積分を習うことにより、無限という概念が登場することが新しいところです。これは小学校高学年で「分数」という概念が登場したように、そして中学に入って「負の数」を扱いはじめた時のようにインパクトがあるものです。

　実際のところ、高校の微積分のレベルでは、この無限の問題に真剣に取り組む必要はありません。本書で紹介するような「なんとなく」のレベルでも問題はないと思います。

　しかし大学でさらに進んで数学を勉強するような人にとっては、この無限をどのように扱うかが重要なテーマになってきます。もし読者の中で、もっと数学を勉強したい人がいれば、この無限の扱いについて深く学んでみてください。「これぞ数学の世界」と感じられるような、奥の深い世界が広がっています。

5 – 2 極限を考える理由

さて、微分や積分を論じるために、無限が必要な背景は感じていただけたと思います。そして、無限を扱うためには、「極限」というものを考える必要があります。極限とは「○○に限りなく近づく」という概念です。今はまだピンとこないかもしれませんが、この章を読むと何となく感じられるようにはなりますので、安心してください。

ここでは具体的に数学の世界で極限や無限を扱う方法を説明したいと思います。

まず、数学で極限を扱うためには $\lim$ という記号を使います。
例えば、$y = 2x$ という関数において、x が 2 に限りなく近づく時、y は何に近づくかということを次の式のように表します。

$$\lim_{x \to 2} 2x = 4$$

x を右から 2 に近づけても、
左から 2 に近づけても、
$2x$ は 4 に近づく

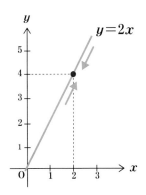

この結果は簡単で $2x$ に $x = 2$ を代入した値、4 に近づくことになります。
この時重要なのは、上図のように x が大きい方向から 2 に近づけても、x が小さい方向から 2 に近づけても、同じ 4 に近づくことです。

「そんなの当たり前じゃないの？」と思うかもしれません。しかし、これ

が当たり前でない例もあります。

例えば、3章で紹介したお肉を買う時の話です。100gで300円のお肉ですが、400g買うと300円×4の1200円ではなく、割引が適用されて1000円になります。

このグラム数と値段を関数として、お肉の重さが400gに近づく時の極限を求めてみましょう。

この時、左（軽い方）から400gに近づくと値段は1200円に近づきます。一方、右（重い方）から400gに近づくと1000円に近づきます。

この場合、上下から近づく数が異なるので、この極限は存在しません。

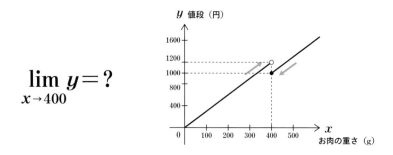

$$\lim_{x \to 400} y = ?$$

このような場合もあるので、関数$f(x)$においてxが2に近づくとき、$f(x)$が$f(2)$という一定の数に近づくとは必ずしも言えないのです。

ただ実際のところ、これは特殊な例で、ほとんどはその関数値に近づきます。しかしながら、数学というのは数少ない例外に着目する学問ですので、この手の特殊な例外は頻繁に登場します。

ちょっと話が脇道にそれましたので、話を無限と極限の話にもどしましょう。次は極限を使って無限を表現することを考えます。

無限という数字は存在しません。なので、数学という学問で普通に扱うことはできません。しかし、極限を使うことで、「無限に近づく時どうなるか？」は議論できるようになります。

例えば、下のように関数$\frac{1}{x}$において、xを無限大に大きくするとどうなるでしょうか？　グラフで示すようにxを無限に大きくすると、$\frac{1}{x}$はどんどん0に近づきます。実際のところ、どれだけxを大きくしても$\frac{1}{x}$は0にはなりませんが、「どんどん近づく」という文脈では0となります。

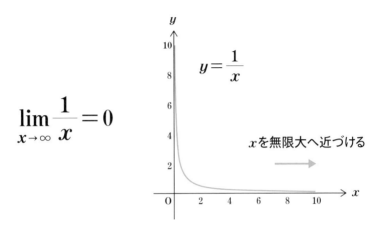

$$\lim_{x \to \infty} \frac{1}{x} = 0$$

$y = \dfrac{1}{x}$

xを無限大へ近づける

　だから$\frac{1}{x}$においてxを無限大にする極限は0になるのです。ちなみに数学において無限大は∞と表現します。

　この∞は負の無限大にも使えて、その場合−∞と表現されます。
　つまり、先ほどの$\frac{1}{x}$という関数の場合、xを無限大に大きくするという場合も考えられますし、無限に小さくするという場合もあります。これは−1、−100、−1000、……とどんどん小さい数を入れる場合です。
　次のグラフを見てもわかるように、この場合は負から0に近づきます。だから、−∞の極限でも0となるのです。

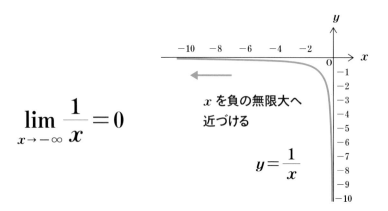

$$\lim_{x \to -\infty} \frac{1}{x} = 0$$

x を負の無限大へ
近づける

$$y = \frac{1}{x}$$

　そして、極限を論じる時に重要なことが、極限だと「分母が0問題」を回避できるということです。

　例えば、次の2つの関数を見てください。この関数の違いは何でしょう？

$$f(x) = x \qquad g(x) = \frac{x^2}{x} \text{ （約分するとただの } x \text{ ?）}$$

$\frac{x^2}{x}$ も約分すると x になるから、全く同じことを指すように思えます。

　しかしながら、この2つには大きな違いがあります。それは $x = 0$ の時に起こります。数学には0で割ってはいけない、つまり分母が0になってはいけないという絶対的なルールがあります。

　ですので、関数 $\frac{x^2}{x}$ のグラフを書くと、次のように $x = 0$ において分断されているグラフになります（白丸はその値をとらないことを示す）。

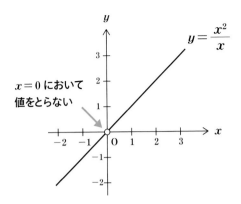

　しかしながら、この場合も0に限りなく近づく、つまり極限は許されます。そして、$\dfrac{x^2}{x}$が0に近づくときには0に近づくと言えるのです。

$$\lim_{x \to 0} \frac{x^2}{x} = 0$$

　微積分においては分母が0になる問題を極限を使って回避するテクニックがよく使われます。この考え方をよく覚えておきましょう。

5 – 3 極限を使って微分を考える

　次にこの極限を使って、微分を考えてみましょう。

　例えば、ある動いている車があって、その車のある時間 x（時間）における位置 y（km）の関数 $y = f(x)$ を考えます。2章で説明したものと同じお話です。

　この傾き、つまり速度を求めることを考えてみましょう。ちなみに数学的な言葉だと、この傾きを微分係数と呼びます。

　まず簡単な例として、速度が一定の場合、つまり $y = 30x$ で表される直線の時を考えてみましょう。

　3章の説明をよく覚えている方であれば、この式を見ただけで30km/時とわかるかもしれません。でも、ここではしっかり計算してみます。

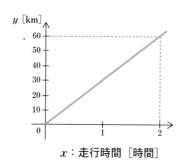

$$\text{速度は}\ \frac{y\,(\text{km})}{x\,(\text{時間})} = \frac{60\ \text{km}}{2\text{時間}} = 30\ \text{km/時}$$

　ここで表されるように $x = 0$ から2まで、すなわち2時間経った時に、車は60km動いています。だから、（移動距離）÷（時間）ということで、時速は30km/時と求められます。

　数学の言葉で言うと、$y = 30x$ の微分係数は30ということですね。

この例は簡単でしたが、車の速度は通常一定ではありません。時間によって変化しています。だから、例えば下のようになっているはずです。この時の傾き（速度）はどうやって求めたらよいでしょうか？

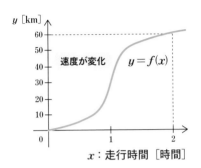

それはこのように考えます。例えば、1時間後の傾き（速度）を求めてみましょう。

まずは$x = 1$から2（時間）までの傾き（速度）が一定だと仮定して速度を求めてみます。つまり、この時間の中での平均の速度を求めるわけです。

すると図のように傾き（速度）は$30\,\mathrm{km}/$時、と求められます。しかし、これでは実際の$x = 1$の速度とはだいぶ離れています。

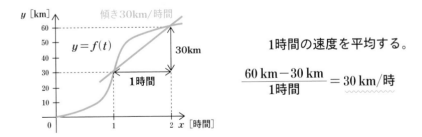

1時間の速度を平均する。

$$\frac{60\,\mathrm{km} - 30\,\mathrm{km}}{1時間} = 30\,\mathrm{km}/時$$

だから、時間間隔を短くしてみます。次は$x = 1$から1.5（時間）までの傾き（速度）が一定だとしてみます。すると同じように傾き（速度）は$50\,\mathrm{km}/$時と求められます。さっきよりは求めたい速度に近づきましたが、まだまだ離れていますね。

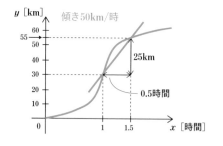

$$\frac{55\,\text{km}-30\,\text{km}}{0.5\,\text{時間}}=50\,\text{km/時}$$

0.5 時間の速度を平均する。

　だからさらに時間間隔を短くしてみましょう。今度は$x=1$から1.25（時間）までの傾き（速度）が一定だと仮定してみます。すると同じように傾き（速度）は$80\,\text{km/時}$と求められました。

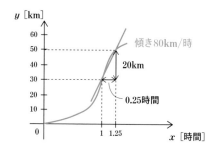

0.25 時間の速度を平均する。

$$\frac{50\,\text{km}-30\,\text{km}}{0.25\,\text{時間}}=80\,\text{km/時}$$

　このくらいまで短くすると、だいぶ本来の傾きに近づいてきました。ただ、まだ差はあります。この差を埋めるために、先ほど説明した無限や極限の考え方を使うわけです。

　つまり、このように0.1時間、0.01時間とどんどん時間間隔を短くしていった極限を$x=1$における傾き（速度）と考えるのです。

　このことをlimを使って数学的に表すと次のようになります。ここでhは時間間隔を表します。これが0となる極限が速度、つまり$x=1$における関数$f(x)$の微分係数$f'(1)$となるわけです。

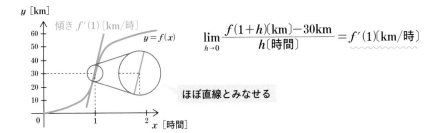

$$\lim_{h \to 0} \frac{f(1+h)\text{(km)}-30\text{km}}{h\text{(時間)}} = f'(1)\text{(km/時)}$$

ほぼ直線とみなせる

このように極限を使うと数学的に微分を定義できて、一般的に関数$f(x)$の$x=a$における微分係数は下のように表せます。

この式の意味がわかるでしょうか？　先ほどの車の例で考えるとaは1時間後を表す1、hが時間間隔となります。時間間隔を1, 0.5, 0.25, ……と小さくした時の極限が1時間後の速度になりましたね。この式もそれと同じことを表しているのです。

$$f'(a) = \lim_{h \to 0} \frac{f(a+h)-f(a)}{h}$$

例えば関数$f(x)=x^2$という2次関数の$x=1$における微分係数を求めてみましょう。

$$\begin{aligned}
f'(1) &= \lim_{h \to 0} \frac{f(1+h)-f(1)}{h} \\
&= \lim_{h \to 0} \frac{(1+h)^2-1}{h} \\
&= \lim_{h \to 0} \frac{h^2+2h}{h} \\
&= \lim_{h \to 0} (h+2) \\
&= 2
\end{aligned}$$

さて、次は導関数の求め方です。導関数というのは4章で説明したように、ある関数 $f(x)$ の傾きを与える関数 $f'(x)$ のことでした。

極限を使って、導関数を表すと次のようになります。

$$f'(x) = \lim_{h \to 0} \frac{f(x+h) - f(x)}{h}$$

実際に $f(x) = x^2$ の導関数を求めてみましょう。

$$
\begin{aligned}
f'(x) &= \lim_{h \to 0} \frac{f(x+h) - f(x)}{h} \\
&= \lim_{h \to 0} \frac{(x+h)^2 - x^2}{h} \\
&= \lim_{h \to 0} \frac{h^2 + 2xh}{h} \\
&= \lim_{h \to 0} (h + 2x) \\
&= 2x
\end{aligned}
$$

$f(x) = x^2$ の導関数は $2x$ となることがわかります。このように計算すると4章で説明した導関数の公式 $f(x) = x^n$ の時 $f'(x) = nx^{n-1}$ も導かれます。

ワンポイント　$f'(x)=nx^{n-1}$は自然数以外のnでも成り立つ

　ここで示した$f(x)=x^n$を微分すると、$f'(x)=nx^{n-1}$という公式は、実はnが自然数以外の時にも成り立ちます。

　7章の指数のところで説明しますが、指数は自然数だけでなく、実数全体に拡張することができます。例えばx^{-1}は$\dfrac{1}{x}$を表すし、$x^{\frac{1}{2}}$は$\sqrt{x}$を表します。

　これを使うと分数関数やルートの関数の導関数も簡単に計算することができます。

　例を示すと、下のようになります。この公式の適用範囲の広さを理解していただけるでしょう。

$$f(x)=\frac{1}{x} \quad\longrightarrow\quad f'(x)=-\frac{1}{x^2}$$

$$f(x)=x^{-1} \quad\longrightarrow\quad f'(x)=-x^{-2}=-\frac{1}{x^2}$$

$$f(x)=\sqrt{x} \quad\longrightarrow\quad f'(x)=\frac{1}{2\sqrt{x}}$$

$$f(x)=x^{\frac{1}{2}} \quad\longrightarrow\quad f'(x)=\frac{1}{2}x^{-\frac{1}{2}}=\frac{1}{2\sqrt{x}}$$

$$f(x)=\frac{2}{x\sqrt{x}} \quad\longrightarrow\quad f'(x)=-\frac{3}{x^2\sqrt{x}}$$

$$f(x)=2x^{-\frac{3}{2}} \quad\longrightarrow\quad f'(x)=-3x^{-\frac{5}{2}}=-\frac{3}{x^2\sqrt{x}}$$

5-4

極限を使って積分を考える

　次は極限を使って、積分を数学的に定義してみます。

　積分は面積を求めることでした。例として、ある関数 $y=f(x)$ の図中の面積を求めることを考えてみます。

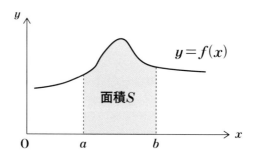

　積分もアイデアとしては難しいものではありません。

　まず、この面積を求めるために長さの同じ5つの長方形に分割してみるのです。すると、長方形の和の面積は下記のようになります。

$$面積 \fallingdotseq f(x_0)\,\Delta x + f(x_1)\,\Delta x + f(x_2)\,\Delta x + f(x_3)\,\Delta x + f(x_4)\,\Delta x$$

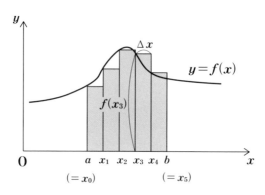

※ Δx は、a と b の間を x 方向に5等分した長さ

ただ見てみると、この長方形の面積の和と求めたい面積には誤差がありそうです。

　だから、分割数を多くすることを考えます。今度は5分割を10分割にしてみましょう。すると、下の図のようになります。

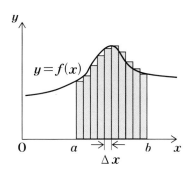

　5分割の時よりはだいぶ、求めたい値に近づいたことがわかるでしょう。でも、残念ながらまだまだ誤差はありそうです。この誤差を少なくするためにはどうすればよいでしょうか？

　そうです、ここでも無限や極限の力を借りるわけです。分割数を無限にする極限値（同時にΔxが0に近づく）を求めてやれば、真の面積を求めることができるのです。

　この過程を数式で書くと下のようになります。ちなみに$\sum$記号の意味がよくわからない方はこの章の最後のワンポイント（p.149）をお読みください。

長方形の高さ

和の意味

長方形の幅
$n \to \infty$で0に近づく

$$S(\text{面積}) = \int_a^b f(x)dx = \lim_{n \to \infty} \sum_{k=0}^{n-1} f(x_k)\, \Delta x$$

　そして、面積を求める積分（定積分）は4章で説明したように、面積の

関数である原始関数を求めて計算を行ないます。

$$\int_a^b f(x)\,dx = \left[F(x)\right]_a^b = F(b) - F(a)$$

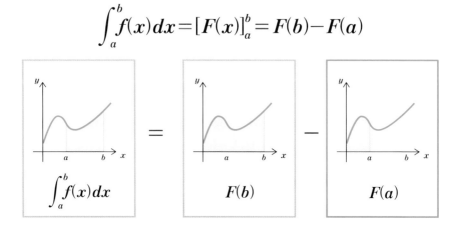

上図で$F(x)$は$f(x)$の原始関数です。

　微分と積分はかけ算とわり算の関係のように、逆演算の関係にあります。だから、ある関数$f(x)$の原始関数$F(x)$を求めるためには、微分すると$f(x)$になる関数を探すのです。

　ここで疑問に思うのが「原始関数は本当に面積を表す関数なのか？」ということでしょう。だから面積の関数を$S(x)$として、これを微分すると、確かに元の関数$f(x)$になることを確認してみます。これが確認できれば、原始関数$F(x)$は確かに面積の関数であることがわかります。

　下図のように関数$f(t)$の$t = a$からxにおける面積$S(x)$を考えてみましょう。

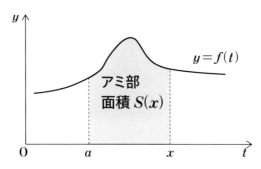

ここで面積の関数$S(x)$を微分することを考えてみます。

　先ほどの節で登場した微分の定義式によると、$S(x)$の導関数$S'(x)$は下のように表されます。

$$\lim_{h \to 0} \frac{S(x+h) - S(x)}{h} = S'(x)$$

　ここで$S(x+h)$とはaから$x+h$までの面積、そして$S(x)$はaからxまでの面積です。だから$S(x+h) - S(x)$は図のように横がhで縦が$f(x)$の長方形になります。

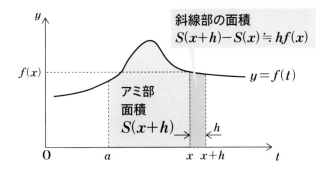

　厳密に言うとxから$x+h$までも$f(t)$の値が変化しているので、増加量はこの長方形の面積とは異なります。しかし、今は極限を使うとこの問題を解決できることを知っていますよね。つまり、hが0に近い極限では$S(x+h) - S(x)$は$f(x) \times h$と表されます。

　この$S(x+h) - S(x) = hf(x)$を使うと、次の式のように$S'(x)$は$f(x)$となることがわかります。つまり面積を微分すると$f(x)$になることが確認できました。この結果から逆に、$f(x)$の原始関数である$F(x)$は面積の関数であることがわかるのです。

$$S'(x) = \lim_{h \to 0} \frac{S(x+h) - S(x)}{h}$$

$$= \lim_{h \to 0} \frac{hf(x)}{h}$$

$$= f(x)$$

　微分と積分は逆演算の関係にあることは、微積分の重要な性質で「微積分の基本定理」と呼ばれます。

　これを数式で書くと、下のようになります。この数式が表していることは、$f(x)$を積分して、微分すると元に戻ることです。

$$\frac{d}{dx}\int_a^x f(t)\,dt = f(x) \qquad (a は定数)$$

　この式は先ほどの面積を微分した議論により証明されます。すなわち$f(x)$の面積を、xで微分すると、$f(x)$に戻るということです。

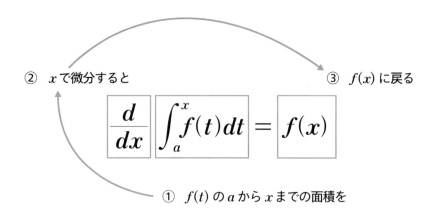

② 　xで微分すると　　　　　　　　③ 　$f(x)$ に戻る

$$\frac{d}{dx}\left|\int_a^x f(t)\,dt\right| = \left|f(x)\right|$$

① 　$f(t)$ の a から x までの面積を

以上の議論より、面積（定積分）が下の式のように原始関数を使って表されることが確認できました。

$$\int_a^b f(x)dx = \left[F(x)\right]_a^b = F(b) - F(a)$$

ワンポイント **∑記号の使い方**

ここで∑という記号が登場しました。この∑という記号、数学が苦手な人にとってはギョギョっと感じてしまうものであるようです。

しかし、意味を知ってしまうとそれほど難しいものではありませんから、ここでしっかりと慣れておきましょう。

∑というのは足し合わせるという意味を持ちます。例えば1, 2, 3, 4, ……、という数列を考えてみると、$a_1 = 1, a_2 = 2, a_3 = 3, a_4 = 4, ……, a_n = n$、となります。そして $\sum a_n$ は $a_1 + a_2 + a_3 + ……$、つまり1, 2, 3, 4, ……、と数列を足し合わせることを意味しているのです。

そして、下についた「$k = 1$」が、変数がkであることと、足し合わせる下限の値を示しています。そして、上に書いた数字が足し合わせる数の上限を表します。

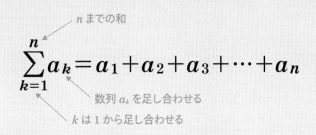

n までの和

$$\sum_{k=1}^{n} a_k = a_1 + a_2 + a_3 + \cdots + a_n$$

数列 a_k を足し合わせる

k は 1 から足し合わせる

例を示すと、次の場合は∑の後がkなので、これは1, 2, 3, 4, ……という数列を表しています。だからこの場合に意味するところは、1から3まで足し合わせた数、つまり答えは6になるわけです。

$$\sum_{k=1}^{3} k = 1+2+3 = 6$$

具体的な数字が入っているとわかりやすいですが、これが文字になると混乱する人もいるでしょう。実際には下のように上限がnになっているものを多く見かけます。これはnまでの和を示しています。

下の例だと、1からnまでの自然数の和を示しているわけです。この値は$\dfrac{n(n+1)}{2}$となります。

$$\sum_{k=1}^{n} k = 1+2+3+\cdots+n = \frac{n(n+1)}{2}$$

本章で紹介したように、面積を長方形に分割した時の和を∑で表現した時の例を示します。$y = f(x)$という関数を5つの長方形に分割した時の面積の和は下のように表記します。

$$\sum_{k=0}^{5-1} f\left(a + k\frac{b-a}{5}\right)\frac{b-a}{5}$$

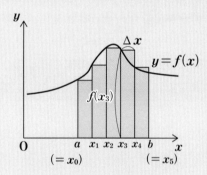

$$x_k = a + k\triangle x \begin{cases} x_0 = a \\ x_1 = a + \triangle x \\ x_2 = a + 2\triangle x \\ x_3 = a + 3\triangle x \\ x_4 = a + 4\triangle x \end{cases}$$

※ $\triangle x$ は、x 方向に 5 等分した長さ

微分方程式で
未来が
予測できる

BIBUN
SEKIBUN

Chapter

6

4、5章で微積分の数学的な構造は理解いただけたと思います。この章では、「微積分は未来を予測するためにある」という本書で伝えたいメッセージの1つについて詳しく説明しようと思います。つまり、微分方程式です。

3章では微分方程式が式を作る方程式であること、微分方程式を使ってシミュレーション、つまり未来を予測できることを概略的に説明しました。

その後4、5章で微積分の数学的な構造について説明しましたので、ここでは微分方程式の中身について少し突っ込んで、数式も交えながら説明していきたいと思います。

6 – 1　微分方程式とは
どういうものか？

　3章で微分方程式は数字ではなく、関数（式）を作る方程式だということをお話ししました。その繰り返しになりますが、微分方程式の復習をします。

　多くの人がなじみがあると思われる中学や高校で習う1次方程式とか2次方程式は式が与えられて、それを満たすx（数字）を求めます。

　それに対して微分方程式は$y = x^2$といった関数（式）を解として持つのです。それがまず大きな違いになります。

（普通の）方程式	$2x+6=0$	$x^2+2x+1=0$
	解く ⬇	解く ⬇
解は**数**	$x=-3$	$x=-1$

微分方程式	$\dfrac{dy}{dx}=-y$
	解く ⬇
解は**関数**	$y=e^{-x}$

　そして、関数は物体の未来を表すことができます。だから、微分方程式は数学を使って未来を予測する時の中核的な存在となるわけです。例えば3章でも紹介した、運動方程式やマクスウェル方程式などの方程式は全て「微分方程式」です。

それでは具体的な微分方程式を紹介してみましょう。まずは一番単純な微分方程式です。ここで y は x の関数を表し、$\dfrac{d}{dx}$ は微分ということを示しています。

この式は微分しても同じ関数になる関数ということを表しています。

$$\frac{dy}{dx} = y \qquad (y = f(x) \ (y \text{ は } x \text{ の関数を表す}))$$

$f(x)$を微分すると　　　$f(x)$自身になる

　ここまで聞いて、どんな関数がこの微分方程式の解になるかわかった方はいるでしょうか？　微分して元の関数になる……。そうです、4章で紹介したネイピア数の指数関数 e^x です。$y = e^x$ を微分すると同じ関数 $y = e^x$ に戻りますから、この関数は微分方程式の解になります。

　しかし、これだけではないことに注意してください。例えば $y = 3e^x$ という関数を微分すると、$y' = 3e^x$ となりますから、この微分方程式を満たします。

　同様に $y = 4e^x$ も $y = -\dfrac{1}{2}e^x$ もこの微分方程式の解になります。つまり $y = Ce^x$（C は定数）で表される全ての関数が解となるわけです。

　原始関数が1つに定まらないように、微分方程式の解も一般に1つには定まりません。

　ただ、例えば $x = 0$ の時に $y = 2$ ということがわかると、$y = 2e^x$ と1つに定まります。この関数を確定させる条件を微分方程式の世界では初期条件

と呼びます。

　未来を予測するといっても、現在のことを知らなければ予測することはできません。例えば、「北に 10km 進みました。今の位置はどこでしょう」と言われても、どこにいるのかわかりませんよね。ここで、「最初 A という場所にいて」ということがわかってこそ、答えを返すことができます。

　当たり前のようですが、これが数学を使って未来を予測する上で障壁となることもあります。

6-2 運動方程式で モノの動きが予測できる

微分方程式の最初の例は有名なニュートンの運動方程式です。

本書の前半で「はじき」の関係（速さ、時間、距離の関係）を使って、微積分の説明をしてきました。実はこの関係の全ては運動方程式という微分方程式に含まれています。

運動方程式は下のように表されます。

ちょっと難しくは見えますが、順を追って説明しますので安心してください。

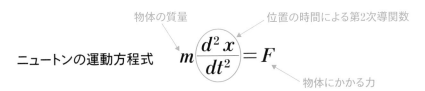

ニュートンの運動方程式　　$m\dfrac{d^2x}{dt^2}=F$

物体の質量　位置の時間による第2次導関数　物体にかかる力

※第2次導関数とは2回微分した関数を指します。

この式においてFは物体が受ける力、mは物体の質量、xは位置になります。ただし、位置xは$x(t)$という、時間tを変数とする関数であることに注意してください。

そしてxの前には$\dfrac{d^2}{dt^2}$がついていますが、これは2回微分することを意味しています。位置を時間で微分すると速度になって、速度を時間で微分すると加速度になります。つまり、下のようになります。

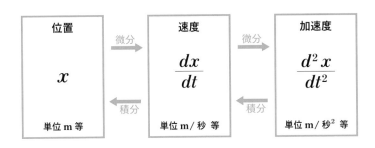

位置		速度		加速度
x	→微分→	$\dfrac{dx}{dt}$	→微分→	$\dfrac{d^2x}{dt^2}$
	←積分←		←積分←	
単位 m 等		単位 m/秒 等		単位 m/秒² 等

加速度は少し聞きなれないかもしれませんが、これは単位時間あたりに速度が増加する大きさです。例えば2m/秒で動いている物体が2秒後に6m/秒になったとしたら、$\dfrac{6\text{m}/秒 - 2\text{m}/秒}{2秒}$で2m/秒^{2}となります。この2m/秒^{2}が加速度で1秒間に2m/秒ずつ加速していることを表しています。

　それではこの微分方程式を解いて、運動を解析しましょう。
　なめらかなガラスの上を動く氷のように、摩擦がない物体を押して同じ力を加え続けることを考えます。この動きを題材にしてみます。

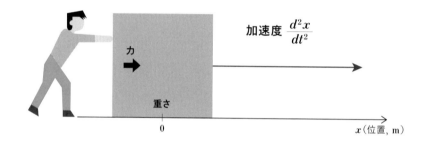

　加える力は一定でF（N：ニュートン）です。ニュートンというのは力の単位で1Nはおおよそ100gの物体に働く重力と同じです。つまり、だいたい10Nが1kgの重さに相当する力を表すということです。

　質量mの単位はkgで物体の質量です。厳密には質量と重さは違いますが、ここでは同じものと考えても問題ありません。そして、位置xの単位はm（メートル）になります。今回の解析では力Fも質量mも一定ですので、xだけが時間によって変化する数字になります。

　運動方程式は次のように表されますが、Fもmも一定ですので、この場合は加速度$\dfrac{d^2x}{dt^2}$も一定となります。

$$\frac{d^2x}{dt^2} = \frac{F}{m}$$

加速度
$$\frac{d^2x}{dt^2} = \frac{F}{m} \ (=一定)$$

$\dfrac{d^2x}{dt^2}$ は時間で位置を2回微分した加速度ですので、この微分方程式を解いて、時間と位置の関係を導くためには積分を2回してやらなければいけません。ただ、一気に2回積分せずに、まず1回だけ積分して速度を求めてみましょう。

この微分方程式を解くことにより、速度 $\dfrac{dx}{dt}$ は次のように与えられます。この速度の関数 $\dfrac{F}{m}t$ を t で微分してみると、確かに $\dfrac{F}{m}$ となっていることがわかります。

$$\frac{dx}{dt} = \frac{F}{m}t + C_1 \qquad \xrightarrow[\quad C_1 = 0 \quad]{t=0 \text{ の時に速度 } \frac{dx}{dt} \text{ は } 0} \qquad \frac{dx}{dt} = \frac{F}{m}t$$

速度
$$\frac{dx}{dt} = \frac{F}{m}t$$

初期条件 $\dfrac{dx}{dt}(0) = 0$

ちなみに C_1 は任意定数です。先ほど説明したように、最初の状態がわからないと式は決められないのです。ここでは時刻 $t=0$ でこの物体は止まっ

ていたとしましょう。つまり、速度0なので、$C_1 = 0$となり、速度と時間の関係は前ページの図のようになります。

　つまり、同じ力を加え続けた時には、速度は直線的に増していくということです。

　次に得られた速度をさらに時間について積分してみましょう。すると、微分方程式が解けて、位置と時間の関係が得られます。

$$x(t) = \frac{F}{2m}t^2 + C_2$$

$t = 0$ の時に位置　x は 0

$C_2 = 0$

$$x(t) = \frac{F}{2m}t^2$$

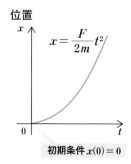

位置

$$x = \frac{F}{2m}t^2$$

初期条件 $x(0) = 0$

　この位置の関数、$\frac{F}{2m}t^2$ を t で微分すると、確かに速度の式 $\frac{F}{m}t$ になっていることがわかります。そして、C_2という任意定数が表れています。この任意定数を消すためには、やはり初期条件が必要です。今回は時刻 $t = 0$ では $x = 0$ の地点にいたとしましょう。すると、$C_2 = 0$ となり、時間と位置の関係を定めることができます。

　以上より、物体に一定の力をかけ続けた場合、速度は時間に比例して、移動距離は時間の2乗に比例することがわかります。つまり、速度は1次関数で表されて、移動距離は2次関数で表されるわけです。

　例えば、加える力を50N（ニュートン）、質量が50kgの物体だったとし

ましょう。すると2秒後には速度は2.0m/秒、位置は2m、そして3秒後には速度が3.0m/秒、位置は4.5mにいることがわかります。このように、運動方程式という微分方程式を使うことにより、ある時間での物体の位置と速度を予測することができるわけです。

この場合、速度は時間に比例して、位置は時間の2乗に比例することになります。

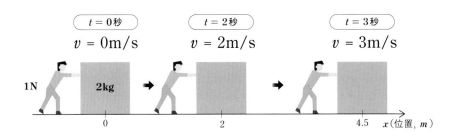

ここで「滑らかな」とか「摩擦がない」とか「力Fは一定」というところが、いかにも例題っぽくて気になるという人もいるでしょう。

実際のところは、摩擦や力の時間変動を運動方程式にとり入れることは可能です。

そうやって運動方程式を立てれば、加速度を積分すると、それが速度の関数になります。そして、速度を積分すると位置が求められるわけです。

ただし、その場合は微分方程式が複雑になってしまい、この例のように関数xを厳密に数式として求めることは一般的にできません。

ですので、微分は短い時間間隔での傾きを求めたり、積分は短い時間間隔で長方形に分解して面積を求めたりして行ないます。

このような方法の研究は数値解析と呼ばれ、高校では教えられませんが、大学で専門的に数学や工学を学ぶ人には必要な科目となっています。

6 − 3 微分方程式で 化石の年代がわかる

「45000年前の生物の化石が発見されました」

恐らくこの言葉はほとんどの人にとって違和感はないでしょう。しかし、よく考えるとおかしくないでしょうか？　45000年前の化石だとなぜわかるのでしょうか？　40000年前でもなく、50000年前でもなく、45000年前なのですから。

実はこの年代推定には微分方程式に関係する現象が隠れています。

炭素14と呼ばれる原子があります。通常の炭素は原子量が12なのですが、ごく微量ですが原子量が14という「普通の炭素」とは違う炭素が存在しているのです。

この原子量が14の炭素は数十キロ上空の成層圏、つまりフロンによる破壊が問題になっているオゾン層のあるところで生成されます。そして、空気中にある一定の割合に混ざっています。だから、呼吸をする生物や光合成をする植物の中には一定の割合の炭素14が存在しているのです。

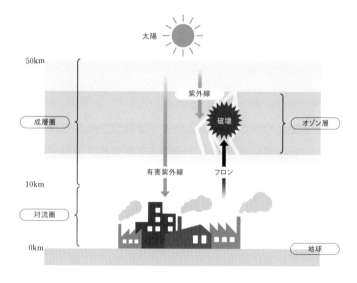

しかし、死んだり枯れたりしてしまうと、その時点で外界から炭素をとり入れなくなるので、新たな炭素14は入ってこなくなります。

一方、炭素14は不安定ですので、ある確率で安定な窒素に変わります。ですので、死んだ動物や枯れた植物の中の炭素14はどんどん減っていくことになるのです。

その炭素14から窒素への変化が微分方程式で表されることがわかっています。

t年後の炭素14の個数の関数を$N(t)$とすると、次の微分方程式が成り立ちます。

ここで、λは元素の種類によって決まっている定数で、これが大きいほど炭素14が減る速度が速くなります。

$$\frac{dN}{dt} = -\lambda N$$

この微分方程式を解くと、任意定数Cを使って$N(t) = Ce^{-\lambda t}$と表されます。この時$t = 0$の炭素14の個数をN_0とすると、$N(t) = N_0 e^{-\lambda t}$となります（必要に応じて7章の指数関数とその微分を参照してください）。

このグラフを描くと次の図のようになります。この指数関数は同じ割合で減少していく関数で、例えばN_0が半分になる時間と半分になってからさらに半分（N_0から4分の1）になる時間が同じです。

この$N(t)$をグラフにしました。このグラフでは半減期をTとしています。半減期はある時点から、$N(t)$が半分になるまでの時間です。

グラフから初期値のN_0からT経過するごとに、$N(t)$が半分になっていることがわかります。

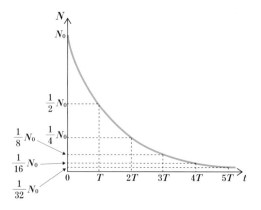

　この変化はかなり正確に起こりますので、逆に化石の中に含まれる炭素14の割合を調べることによって、その生物の死後（植物だったら枯れた後）どれくらい経過しているかがわかります。

　炭素14の場合、半減期は5730年であることがわかっています。ですので、化石の炭素14の割合が大気の炭素14の割合の半分であれば、5730年前、4分の1であれば11460年前、と推定ができるわけです。

　ちなみに炭素14が窒素14に変化することを「放射性崩壊」と呼び、最初の原子が半分になる時間を「半減期」と呼びます。

　この言葉を放射線や放射能の話題で聞いたことのある方も多いのではないでしょうか。

　例えば原子力発電所で「核のゴミ」として排出されるプルトニウム239も同じように放射性崩壊をします。

　プルトニウム239はアルファ線という放射線を放出して、ウラン235という原子に変わります。この変化の半減期は約24000年です。つまり24000年経つと半分になるということで、これも微分方程式によりプルトニウム239の未来の変化を予測しているとも言えます。

　プルトニウム239は24000年経ってやっと半分になるわけで、ずっと有害な放射線を出し続けるわけです。このように非常に長期間にわたって放射線を出し続けることが、核廃棄物の処理を難しくしています。

6 – 4 生物の個体数を求める

これまで運動方程式や原子の崩壊など、物理の分野における微分方程式の活用方法を紹介してきました。しかし、微分方程式は物理の分野だけではなく、生物学や薬学などの自然科学分野、さらに経済学や社会学の人文科学でも使われます。

しかしながら、これらの分野では物理のように「〇〇方程式」という絶対的な微分方程式があって、そこから全てが導かれるという流れではありません。むしろ、最初に結果があって、そこに合うような微分方程式は何だろうと解析する場合が多いです。

例えばある生物の個体数の解析を行なうとしましょう。

ある生物の個体数を新たな環境に置きます。順調に個体数が増えていく場合、個体数の時間推移は次のような関係になると知られています。

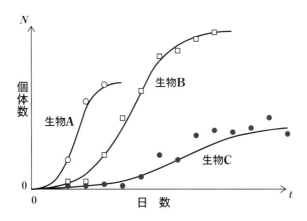

これはロジスティック関数と呼ばれています。$t = 0$ の時からだんだん増加していき、ある数を超えると急激に増え始め、そしてさらに増えると飽和する（一定数になる）ということです。感覚的にも納得がいく結果でし

ょう。

　この曲線がどのように得られるか、微分方程式を使って解析します。

　まず、簡単に考えて個体数が「個体数の増加（傾き）」に比例すると考えてみましょう。例えば下の図のように、1匹あたり3匹の子どもを産むと考えると、増加数も元の個体数に比例するわけです。これは納得いくでしょう。

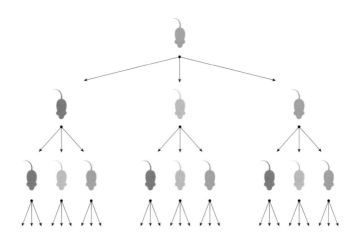

　この時に、個体数を時間 t の関数である $N(t)$、α をある正の定数とすると、微分方程式は下のようになります。

$$\frac{dN}{dt} = \alpha N$$

　これを解いて答えを求めると次のようになります。初期値を N_0 として、そこから急激にどこまでも増加していく、ということです。当たり前の話ではありますが……。

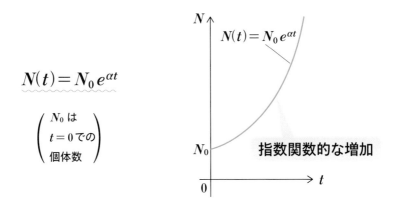

$$N(t) = N_0 e^{\alpha t}$$

$$\begin{pmatrix} N_0 \text{ は} \\ t = 0 \text{での} \\ 個体数 \end{pmatrix}$$

$N(t) = N_0 e^{\alpha t}$

N_0

指数関数的な増加

しかしながら、実際にはこんなことはありえません。こんな現象が起こっていたとしたら、すぐに地球はこの生物で満ち溢れてしまいます。つまり、単に増えるだけではなく数が減少する効果もあるということです。

次は個体数が増えるにつれて、1匹当たりのエサが少なくなることを考えて、個体数が増えるほど、個体の増加速度が減る成分を入れてみましょう。つまり、下のようになります。

先ほどのαに加えて、μという正の定数が使われています。これはαが個体数が増えるに従ってさらに増加ペースを増やそうとする定数、μは逆に個体数が増えると増加の速度が減る方向に動く定数です。

$$\frac{dN}{dt} = \alpha N - \mu N = (\alpha - \mu) N$$

個体数 N が増えると
増加の速度が
増える項

個体数 N が増えると
増加の速度が
減る項

解 ➡ $N(t) = N_0 e^{(\alpha - \mu)t}$（$N_0$は $t = 0$ での個体数）

この微分方程式の解となるグラフは$\alpha - \mu$の値によって決まります。$\alpha - \mu$が0より大きいとどんどん増えていきますし、0より小さいと0に向

かって少なくなっていきます。

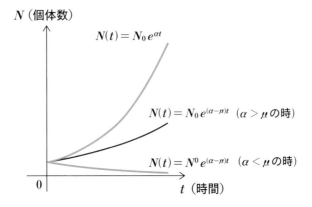

少なくなるのは絶滅ということでしょう。絶滅する生物もいますので、それはそれであり得る話でしょう。

増えていく場合、確かに最初よりは増える速度が遅くなりますが、時間が経てば、上限なく増えていきますので、最初に示したような実際の生物の個体数とは一致しません。

ということは、やはり何かが違うということです。

よくデータを見てみると、最初の状態から増える過程は、先ほどの議論で求めた式と似ていることがわかります。つまり、増え始めのところはこのままでよくて、個体数が多くなった時に、もっと強いブレーキがかかるようにすればよいわけです。

個体数の実測値

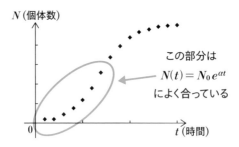

そこで、増加速度の減少の傾きがNに比例しているとしたのを、N^2に比例するとしてみましょう。NよりN^2の方が増加速度が速いです。つまり、ブレーキが強いということになります。

今回はαに加えて、βという正の定数が使われています。βは先ほどのμと同じで、個体数が増えると増加の速度が減る方向に動く定数ですが、N^2にかかっているのでNが増えると先ほどのμよりも、個体数の増加を阻止する効果が強くなります。

$$\frac{dN}{dt} = \alpha N - \beta N^2$$

この微分方程式を解くと、結果は下のようになります。この式には任意定数C_0が含まれていますが、これは$N(0)$つまり初期条件を満たすように決定されます。

$$N(t) = \frac{\alpha}{\beta} \cdot \frac{1}{1 + C_0 e^{-\alpha t}}$$

次に、この関数をグラフにした結果を下に示します。この関数は、最初の状態からどんどん個体数が増えていき、あるところで頭打ちになっています。この結果は実際の結果をよく再現していそうです。

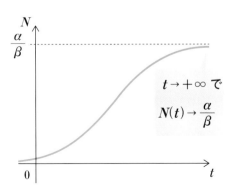

そして、下の図に示すように、ここで α と β の値を変えることにより、様々な生物の個体数が表現できることになります。すると α は増える速度の係数ですから繁殖力の強さを表すでしょう。一方、β は数が増えた時にかかるブレーキの大きさです。

　この α と β（そして C_0）を調整することにより、様々な生物の時間と個体数の関係を表現することができます。

　すると、その係数を比較して、生物の分析ができるようになります。

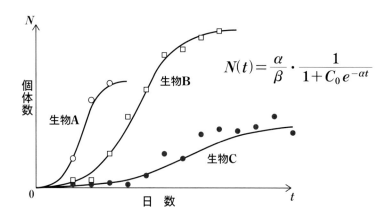

$$N(t) = \frac{\alpha}{\beta} \cdot \frac{1}{1 + C_0\, e^{-\alpha t}}$$

　たとえば生物 X は、α は生物 Y と同程度で β が Y より小さい。生物 Z は、α も β も X より小さい。このような係数を生物の間で比較することにより、その特徴が見えてきたりするのです。

　また同じ生物でも、環境によってこの曲線が変わってきます。生物がどのような環境に適応するか、どういう性質を持っているのかを考察するためにも有用です。

　例えば、近年では水産資源の保護にもこのような考え方が使われています。ある特定の魚、例えばマグロをたくさん獲ってしまうと、どんどん数が減って絶滅に近づいてしまいます。

　だから、漁獲量を割り当てて乱獲にならないようにするわけですが、その漁獲量の計算にもこのような微分方程式を応用できます。

このような問題の場合、ある一定量を獲ってしまうと、そこから急激に減って絶滅に近づいてしまうという、決定的な数があったりします。その数が予測できるとすれば、保護のために有益なことがご理解いただけるでしょう。

　このようにして、実際に起きている現象への解析ができます。つまり、数学を使って、実際の世の中で起こっていることを解析できるわけです。これも微分方程式の力です。

6-5

赤道と北極で体重が変わる

　普段の生活をしていて、地球が回転していることの影響を感じる人はいないでしょう。しかし、確かに地球は回転していて、我々にも多少の影響があります。

　「赤道と北極で体重が変わる」という話をご存知でしょうか？　地球はこのように回転しています。

　だから、赤道付近では外側（人からみると空の方向）に遠心力を大きく受けます。一方、北極や南極では遠心力を受けないので、赤道付近に比べて体重が重くなるのです。

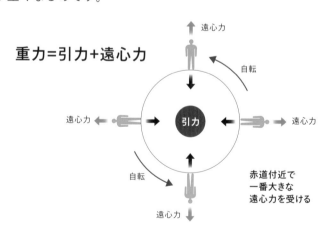

ここでは運動方程式を2次元で使って、この影響を求めてみましょう。運動方程式は「いかにも数学や物理の問題」といった1次元の問題だけでなく、2次元、3次元の世界でも使うことができます。

　以下の議論を細かく理解するためにはベクトルの知識が必要ですが、その知識がなくても（縦、横）くらいの理解でも大体の議論はわかるように説明しますので、読んでみてください。

　まず、赤道の真ん中で地球を輪切りにした座標を考えてみます。
　この時、人間は中心方向の引力を受けています。地球において、赤道付近のインドネシアの裏はおおよそブラジルと言われています。だから、インドネシアの人とブラジルの人は図のような位置関係になるでしょう。そして、ここでのrは地球の半径を表します。

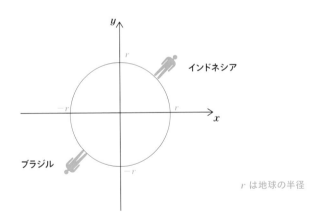

r は地球の半径

　そして、地球は自転していますから、1日に1周回るわけです。
　ちなみに図ではx, y座標を使っていますが、今までの関数のグラフのようにxとyは$y = f(x)$といった関数の入力と出力の関係ではありません。ここでは2次元の世界なので、単に縦と横の位置を表すものと考えてください。

ここで地表上にいる人のことを考えてみます。地球の引力は地球の中心に向かってかかっていますから、地表にいる人はどの人も安定しています。

　さて、運動方程式を使って、この人にかかる遠心力を求めてみましょう。
　ここからは三角関数を使いますので、自信のない人は7章の三角関数の微積分の部分を読んでから戻ってきてみてください。
　ただ、三角関数がよくわからなくても雰囲気はわかるようにしていますので、このまま読んでもらっても大丈夫です。

　Aの点からt秒後の位置Pを、この円の座標のx座標とy座標は三角関数を使って$r\cos\omega t$と$r\sin\omega t$とおけます。rは半径、tは時間（秒）です。これで、地表の点のx座標とy座標がそれぞれtの関数にできたわけです。

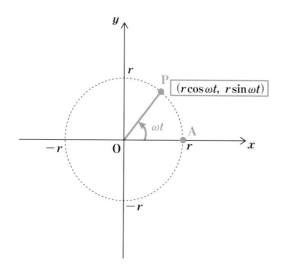

　ωは角速度と呼んで、回転運動をする時の角度の速度を表すものです。例えば100秒かけて一回転している円運動であれば、角速度は360°÷100＝3.6°/秒となります。ただ、数学の世界における角度はラジアンを使います。ラジアンとは次のように360°を2πとする角度です。

　右図のように半径1の円の扇形の弧の長さθを用いて、角度をθ（ラジアン）と定義する。半径1のとき、円周の長さは2π（πは円周率）となるから、度数法の$360°$は2π（ラジアン）となる。

　よって、$1° = \dfrac{\pi}{180}$（ラジアン）　　1（ラジアン）$= \left(\dfrac{180}{\pi}\right)°$

　例）　$30° \to \dfrac{\pi}{6}$、$45° \to \dfrac{\pi}{4}$（ラジアン）

　　　　$180° \to \pi$（ラジアン）、$360° \to 2\pi$（ラジアン）

　さて、位置が$(r\cos\omega t,\ r\sin\omega t)$であることがわかったので、これから速度を求めてみましょう。複雑に思えますが、単に位置をtで微分するだけです。7章で示すように$\sin x$を微分すると$\cos x$、$\cos x$を微分すると$-\sin x$になることを使うと、速度は$(-r\omega\sin\omega t,\ r\omega\cos\omega t)$となります。

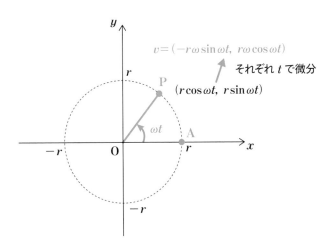

　この速度の大きさは次のような式で求められ、円運動速度の大きさは$r\omega$となります。

$$（速度の大きさ）＝\sqrt{(-r\omega\sin\omega t)^2+(r\omega\cos\omega t)^2}=r\omega$$

　r が地球の半径で約6400km、そして ω は角速度で地球は1日で一回転（360°）しますから、360°÷（24（時間）×60（分）×60（秒））で0.0042°/秒程度になります。これをラジアンに変えて $r\omega$ に入れると、約465m/秒となります。これを時速に変えると、約1680km/時となります。

　これは音速をはるかに超えています。自転の速度ってとても速いのですね。ただ、地球上にいる人間にとってはこの速さを感じることはありません。

　さらに進みます。次は加速度を求めてみましょう。速度が $(-r\omega\sin\omega t,\ r\omega\cos\omega t)$ となりましたので、加速度はこれをさらに t で微分して $(-r\omega^2\cos\omega t,\ -r\omega^2\sin\omega t)$ となります。

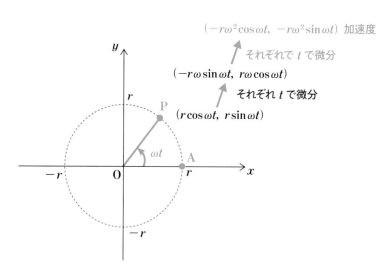

　この加速度の大きさは下の式のように $r\omega^2$ と表されます。

$$（加速度の大きさ）＝\sqrt{(-r\omega^2\cos\omega t)^2+(-r\omega^2\sin\omega t)^2}=r\omega^2$$

そして、r と ω に地球の半径と自転の角速度を代入すると、約 $0.033\mathrm{m}/$ 秒^2 程度になります。この加速度を50kgの人に適用すると、およそ160gに相当する力を受けていることになります。

　実際のところは地球は楕円形をしていて、図のように北極より赤道の方が中心からの距離が若干遠いです。だから、極地の方が地球の中心に近く、そもそも受ける引力が大きいわけです。

　この効果も含めると、だいたい赤道では極地より0.5％ほど重力が小さくなります。

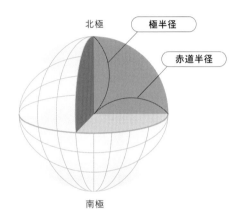

　この差を人間に当てはめると、例えば北極で50kgの人が赤道上に移動すると体重が250gくらい減ることになります。この差は日本の国内でも確認できて、札幌で100kgのものは沖縄では140gほど軽くて、99.86kgほどになるとのことです。

　運動方程式を解くことにより、この差が説明できるのですね。やっぱり、運動方程式は偉大です。

6-6 微分方程式の限界

　ここまで、微分方程式の力を説明してきました。微分方程式は物体の運動の解析、波の解析、電流や電圧の解析など、科学技術の基盤となっています。

　また、生物学や医学、さらには保険などの金融商品の開発や株価の解析、また人口偏移や交通量解析などの社会学など、ありとあらゆる分野での未来予測に使われる、まさに「未来を予測する」ために必要不可欠なものなのです。

　しかしながら、これだけすごい微分方程式にも弱点はあります。

　不思議に思わないでしょうか？　微分方程式は76年後にハレー彗星がどこにあるのか、正確に予測できます。しかしながら、天気予報を考えてみてください。明日の雨も正確には予測できていないですよね。また地震も同じです。日本における地震は確実に発生することはわかっていますが、いつ来るのかは予測できません。

　76年後よりも、明日のことを予測する方がはるかに簡単に思えるのに、なぜこんなことが起こってしまうのでしょう。

　これは影響している要素の数に影響しています。ハレー彗星の動きを解析する場合、その運動に大きく影響しているのは太陽の引力です。厳密にいえば、地球など他の惑星の引力も影響しますがそれはほんのわずかです。それに宇宙空間中には大気などありませんので、その影響も受けません。

　結局、太陽とハレー彗星の2つの物体の問題と単純化しても、微分方程式を使って高精度に動きを解析することは可能なのです。

　一方、天気予報はどうか？　雨が降るか降らないかは例えば大気の温度や湿度、圧力に影響するでしょう。これだけで3つです。

　しかも、その情報は場所ごとに取得する必要があります。仮に、天気を

正確に予測するために1km^{2}ごとのデータが必要だとして（実際はもっと必要でしょうが）、地球全体のデータを取得することは実質不可能なことはわかるでしょう。なお、日本の天気を予測するのに、日本の情報だけでは不十分です。ブラジルの大気情報も日本のそれに影響します。

　また、仮にその情報がとれたとしても、要素の数が多くなると計算量が莫大になります。ちょっと数が増えるとすぐに「計算に1兆年かかる」といった状況になり、微分方程式を作れたとしても、解くことはできません。

　ですので、脳細胞が複雑に絡み合う人間の思考などは、決して微分方程式で解析することはできないのです。そういう意味で世の中の全てが科学で解明されるなんてことは無いと言えるでしょう。

　本書では未来を予測できる微積分について解説してきました。一方、微積分を詳しく学べば学ぶほど、科学の限界にも直面します。

　微分方程式で解析できるのはこの世の中のほんの一部の現象です。しかしながら、そのほんの一部の現象を解析できただけで、人類はこれだけ科学技術の恩恵を受けられたというのも事実です。

　この本を読まれたあなたには、科学を過小評価することはもちろん、過大評価することもなく、正しく科学の力を認識して頂ければと思います。

　本書により、微積分のものの見方を習得されて、ご自身の勉強やお仕事に活かしていただければ嬉しいです。

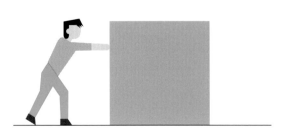

微積分の
その他の
トピックス

Chapter

7

6章までで、私の伝えたかった微積分の構造や応用分野については全てお話ししました。ただ、一気に全体像を見てもらうために、省略した重要な項目もあります。

ここでは高校で学習する微積分や関数のうち、少し高度な項目について詳しく説明します。高校で学んだ時にはチンプンカンプンだったとしても、微積分の基本構造が頭に入ったあなたなら理解できると思います。ぜひ、挑戦してみてください。

7-1

指数・対数関数とその微積分

指数は2^5のように、数字の右上に小さな数字をつけたものです。これはその数字をかける回数を表しています。つまり、$2^2 = 2 \times 2$ですし、$2^3 = 2 \times 2 \times 2$となります。

この指数というものを考えると、次のような性質が成り立ちます。

●$a^n = a \times a \times \cdots\cdots \times a$ （a を n 回掛ける）
　例）$2^5 = 2 \times 2 \times 2 \times 2 \times 2 = 32$

●$a^n \times a^m = a^{(n+m)}$
　例）$2^3 \times 2^2 = 2^{(3+2)} = 2^5 = 32$

●$a^n \div a^m = a^{(n-m)}$
　例）$2^4 \div 2^2 = 2^{(4-2)} = 2^2 = 4$

●$(a^n)^m = a^{(n \times m)}$
　例）$(2^2)^3 = 2^{(2 \times 3)} = 2^6 = 64$

2を3回かけるのであれば、普通に「$2 \times 2 \times 2$」と書けばよいだけです。それなのにわざわざ指数という考え方を持ち出す背景には、指数を使うとかけ算が足し算になり、わり算が引き算になる、という便利さがあるからです。

例えば256×1024といった複雑なかけ算も、$2^8 \times 2^{10} = 2^{18}$と指数にするとシンプルです。

ただ、この場合a^nのnは自然数となります。なぜなら、ここまでの議論では2^0とか2^{-1}とか$2^{\frac{1}{2}}$などは考えられないからです。2を0回とか-1回かけるといっても意味がわかりません。しかし、こんなことを考えるのが数学という学問です。

それでは、指数をゼロや分数でも使う方法を考えてみましょう。最初に2^0と指数が0になる場合、次に2^{-2}のように指数が負になる場合、最後に$2^{\frac{1}{2}}$のように指数が分数になる場合を考えます。

　まず、指数が0になる時です。これは$2^2 \div 2^2$という計算を考えることにより、ヒントが得られます。

　指数のルールで考えると$2^2 \div 2^2 = 2^0$です。一方、$2^2 \div 2^2 = 4 \div 4 = 1$ですから、$2^0 = 1$とするとうまくいきそうです。

　実際、これは全ての正の数aについて成り立つので、$a^0 = 1$とします。

　次に指数が負になる時です。これは$2^2 \times 2^{-2}$という計算を考えるとヒントが得られます。

　これを指数のルールで考えると$2^2 \times 2^{-2} = 2^0 = 1$となります。ここで$2^2 = 4$ですから、$2^{-2} = \dfrac{1}{4} = \dfrac{1}{2^2}$と考えるとうまくいきます。

　これも全ての正の数aとnについて成り立ちますから、$a^{-n} = \dfrac{1}{a^n}$となります。

　最後に指数が分数の時です。これは例えば$2^{\frac{2}{3}}$という数を考えてみましょう。$\left(a^n\right)^m = a^{(n \times m)}$という公式を逆に使うと、$2^{\frac{2}{3}} = \left(2^{\frac{1}{3}}\right)^2$と考えられます。

　ここで$2^{\frac{1}{3}}$という数を3回かけると$2^{\frac{1}{3}} \times 2^{\frac{1}{3}} \times 2^{\frac{1}{3}} = 2$ となります。つまり3回かけると2になる数ということです。これを2の3乗根と呼び、$\sqrt[3]{2}$ と書きます。よって、$2^{\frac{1}{3}} = \sqrt[3]{2}$となるわけです。同様に、$2^{\frac{1}{2}}$は$\sqrt{2}$ を表します。

　この議論から$2^{\frac{2}{3}} = \left(\sqrt[3]{2}\right)^2 = \sqrt[3]{2^2}$となります。これも全ての正の数$a$と自然数$n$、$m$について成り立ちますので、$a^{\frac{n}{m}} = \sqrt[m]{a^n}$となるわけです。

　これで指数を分数、つまり有理数全体にまで拡張できました。そして、解説は省略しますが、同様に指数は全ての無理数（分数では表せない数）まで拡張できます。

以上をまとめると、xを全ての実数に拡張でき、指数には先の性質に加えて下のような性質が追加されることになります。

●$a^0 = 1$（**すべての数の 0 乗は 1**）

　例）$3^0 = 2^0 = 5^0 = 1$

●$a^{-n} = \dfrac{1}{a^n}$

　例）$2^{-3} = \dfrac{1}{2^3} = \dfrac{1}{8}$

●$a^{\frac{n}{m}} = \left(\sqrt[m]{a}\right)^n = \sqrt[m]{a^n}$　（$\sqrt[m]{a}$ は m 乗すると a になる数）

　例）$8^{\frac{2}{3}} = \sqrt[3]{8^2} = \left(\sqrt[3]{2^3}\right)^2 = 2^2 = 4$

●**全ての正の実数 b は、a（1 以外の正の実数）とある実数 x を使って、$b = a^x$と表せる**

　例）$23.4 = 10^{1.3692\cdots}$（**無理数なので永遠に続く**）

　指数が自然数でしか定義されていないと、指数関数$y = 2^x$のグラフは点でしか定義されません。しかし、分数や無理数まで拡張することにより、線になるわけです。点の関数は微分できませんが、線の関数は微分できます。これで指数が「指数関数」になり、もっと便利に使えます。

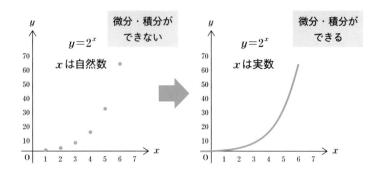

次に対数です。対数というのは指数の逆になります。

指数は「$y = 2^x$ と2の x 乗の値がいくらになりますか？」という問題でした。例えば、$y = 2^3$、つまり2を3乗すると8になる、という考え方です。

一方、対数はこの逆関数（p.72参照）です。つまり、$x = 2^y$ という関係があって、「ある数 x は2を何乗した数ですか？」という問いになります。

これを $y = \log_2 x$ と書きます。例えば $\log_2 8$、つまり8は2を3乗した数ということです。

なぜ、それに "log" という難しそうな表記を使うのだ、と思うかもしれません。その理由は一般に対数は有理数では表せず無理数になるからです。つまり、$2^x = 8$ とすると、$x = 3$ と簡単に求められますが、$2^x = 5$ とすると x は無理数になってしまいます。だから、その数を $x = \log_2 5$ と表現することにしたのです。

対数には次のような関係があります。基本的な関係はおさえておきましょう。

$a^x = p$ を満たす x の値を "$x = \log_a p$" と表す。
このとき a を底（てい）と呼ぶ。

　　例）$\log_{10} 1000 = 3 \ (10^3 = 1000)$

●$\log_a 1 = 0$
例）$\log_2 1 = 0 \ (2^0 = 1)$

●$\log_a a = 1$
例）$\log_2 2 = 1 \ (2^1 = 2)$

●$\log_a M^r = r \log_a M$
例）$\log_2 2^4 = 4 \ \log_2 2 = 4$

●$\log_a (M \times N) = \log_a M + \log_a N$
例）$\log_2 (4 \times 16) = \log_2 4 + \log_2 16$
　　　　　　$= \log_2 2^2 + \log_2 2^4 = 2 + 4 = 6$

●$\log_a (M \div N) = \log_a M - \log_a N$
例）$\log_2 (4 \div 16) = \log_2 4 - \log_2 16$
　　　　　　$= \log_2 2^2 - \log_2 2^4 = 2 - 4 = -2$

対数のグラフを描くと次のようになります。指数関数は急激に増加するという話をしましたが、対数関数は指数関数の逆関数ですから、増加するのがとても遅い関数となります。そして、底の同じ指数関数と$y = x$の直線に対して対称となります。

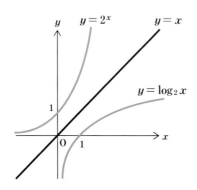

　次に指数関数と対数関数の導関数について説明します。

　指数関数$y = a^x$、対数関数$y = \log_a x$を微分すると、次のようになります。

$$(e^x)' = e^x \qquad (\log_e x)' = \frac{1}{x} \qquad ※(e^x)' はe^xの導関数を表します。$$

$$(a^x)' = a^x \log_e a \qquad (\log_a x)' = \frac{1}{x \log_e a}$$

　指数関数$y = a^x$の導関数はa^xに$\log_e a$をかけた形になります。eは125ページで示したネイピア数です。ですので、$a = e$の時に$\log_e e = 1$となり、関数値と傾きの値が一致します。

　$\log_e x$のグラフは微分すると、$\frac{1}{x}$になります。xが大きくなるにつれて傾きがどんどん小さくなりますので、増加の速度が遅いことがわかるでしょう。

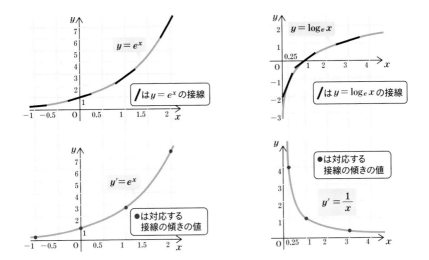

　また不定積分（原始関数）は下のようになります。微分すると元の関数
に戻ることを確認してみてください。

$$\int e^x\,dx = e^x + C$$

$$\int a^x\,dx = \frac{a^x}{\log_e a} + C \quad (a > 0,\ a \neq 1)$$

$$\int \log_e x\,dx = x\log_e x - x + C$$

7 - 2　三角関数とその微積分

　三角関数は下のように、直角三角形を右側に直角が来るように置いた時の、辺の比で定義されます。直角三角形ですので、1つの角は$90°$で、3つの角の和は$180°$ですから、θとしてとり得る値は$0°<\theta<90°$となります。

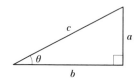

$$\sin\theta=\frac{a}{c} \quad \cos\theta=\frac{b}{c} \quad \tan\theta=\frac{a}{b}$$

　しかし、先ほどの指数も同じですが、数学の専門家はそれでは満足しません。θが$0°$以下の時や$90°$以上になった時にも拡張したいと考えます。

　だから、三角形を離れて、下のように座標上にある単位円を考えます。そして、単位円上の点Pに対して、中央の角をθとします。この時に、$\sin\theta$をPのy座標、$\cos\theta$をPのx座標、$\tan\theta$を$\frac{y}{x}$とすると先ほどの直角三角形の定義と矛盾せずにθの範囲を拡大することができます。

x座標：$\cos\theta$　　　y座標：$\sin\theta$

$$\tan\theta=\frac{\sin\theta}{\cos\theta}$$

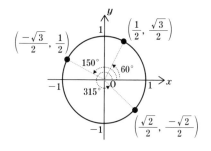

　そして、負の角度は左回転でなく、右回転に回転する時とすれば負にも拡張できます。さらには、$360°$以上は2回転、3回転など複数回の回転を表すと考えれば、θを全ての実数に拡張することができます。

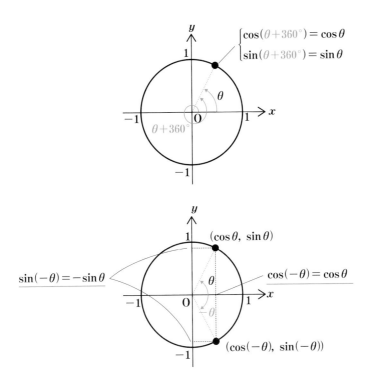

　次に$\sin\theta$、$\cos\theta$、$\tan\theta$のグラフを示します。これを見ていただくと、「波」であることがわかると思います。実際、三角関数は実世界で応用される場合、三角というより、波を表す関数として使われることが多いです。

　$\tan\theta$は$\dfrac{\sin\theta}{\cos\theta}$で表されるので、$\cos\theta=0$となる$\dfrac{\pi}{2}(90°)$などでは分母が$0$となるので定義されません。また、$\sin$や$\cos$の周期が$2\pi(360°)$なのに対して、$\tan\theta$の周期は半分の$\pi(180°)$となります。

　ちなみにx軸は角度を度($°$)でなく、173ページで紹介したラジアンで示しています。参考に上部に度でも示しているので、わからなくなったらこちらを参照してください。

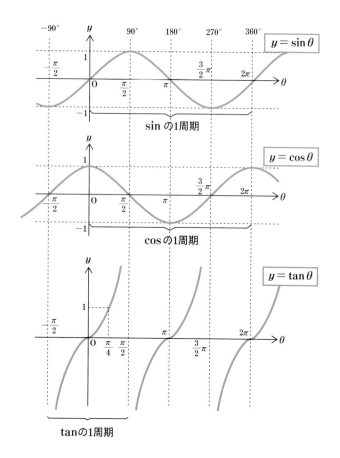

　次に三角関数の導関数を示します。ちなみに角度の単位をラジアンにする理由は、このように「$\sin x$の導関数が$\cos x$になるから」ということがあります。

　この単位が度($^\circ$)になると$\sin x^\circ$の導関数は単に$\cos x^\circ$とならずに、$\dfrac{\pi}{180}\cos x^\circ$となってしまい、扱いが面倒になります。

$$(\sin x)' = \cos x \qquad (\tan x)' = \dfrac{1}{\cos^2 x}$$

$$(\cos x) = -\sin x$$

下にsinとcosの導関数のグラフを示します。三角関数の傾きがその導関数になっていることを感覚的につかんでください。

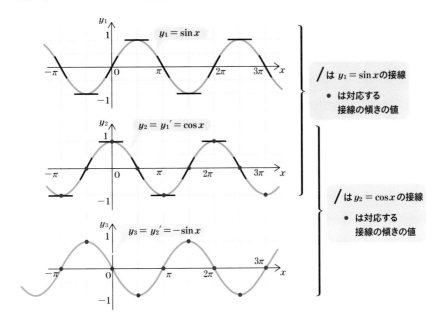

/は $y_1 = \sin x$の接線

● は対応する
接線の傾きの値

/は $y_2 = \cos x$の接線

● は対応する
接線の傾きの値

次にtanとその導関数のグラフを示します。

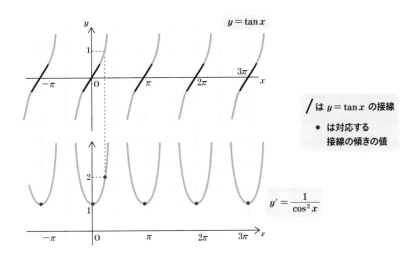

/は $y = \tan x$ の接線

● は対応する
接線の傾きの値

$y' = \dfrac{1}{\cos^2 x}$

次に三角関数の原始関数を示します。原始関数を微分すると元の関数に戻ることを確認してください。

$$\int \sin x dx = -\cos x + C$$

$$\int \cos x dx = \sin x + C$$

$$\int \tan x dx = -\log_e |\cos x| + C$$

7-3

関数の増減

　関数を実世界にあてはめる場合、最大値や最小値は大きな意味を持つことが多いです。

　例えば、あるお店の商品の価格と利益の関数があったとして、利益が最大となる価格を知りたいと思うのは当然でしょう。

　また、自動車の走行速度と燃費の関数があったとしたら、燃費が最小となる速度を知りたいと思うでしょう。

　このように関数値の最大値や最小値の問題は現実世界で頻繁に登場します。

　この最大値や最小値を求める時に、微分が役に立ちます。

　本書でも繰り返しお話ししたように、関数 $y = f(x)$ の導関数 $f'(x)$ は $y = f(x)$ のグラフの傾きを表します。ですので、$f'(x) > 0$ つまり傾きが正ということはその点で関数 $y = f(x)$ は増加中であることを示し、$f'(x) < 0$ つまり傾きが負であればその点で $y = f(x)$ は減少していることがわかります。

　ここで、$f'(x)$ が正から負、もしくは負から正に変わる点は次のようになります。関数値が増加から減少に転じている点は極大、減少から増加に転じている点は極小と呼ばれます。

　つまり、$f'(x) = 0$ となる点は最小値や最大値の候補となるわけです。

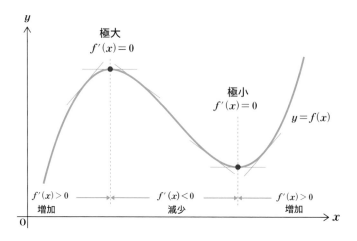

　また、関数の変化において上に凸と下に凸も重要です。

　同じ増加や減少でも、上に凸の形状と下に凸の形状では大きく異なることがわかるでしょう。上に凸の場合の増加は増加しながらも上げ止まるような傾向が見られ、減少の時は加速しながら減少していく様子になります。一方、下に凸の形状では、増加の場合は加速しながらの増加、減少の場合は下げ止まるような傾向が見られます。

　上に凸と下に凸は2回微分の $f''(x)$ の符号によって決まります。$f''(x) > 0$ の区間では下に凸、$f''(x) < 0$ の区間では上に凸になります。

	$f'(x) > 0$　増加↑	$f'(x) < 0$　減少↓
$f''(x) > 0$ 下に凸	↗	↘
$f''(x) < 0$ 上に凸	↗	↘

　ここで例えば次のように $f(x) = x^3 - 3x$ という関数のグラフがあったとすると、増減表という表を書くことにより関数の変化をより詳しく解析することができます。

$f(x) = x^3 - 3x$とすると $\begin{cases} f'(x) = 3x^2 - 3 = 3(x+1)(x-1) \\ f''(x) = 6x \end{cases}$

x	$\cdots$	-1	$\cdots$	0	$\cdots$	1	$\cdots$
$f'(x)$	$+$	0		$-$		0	$+$
$f''(x)$		$-$		0		$+$	
$f(x)$	↗	2	↘	0	↘	-2	↗

増加で
上に凸

減少で
上に凸

減少で
下に凸

増加で
下に凸

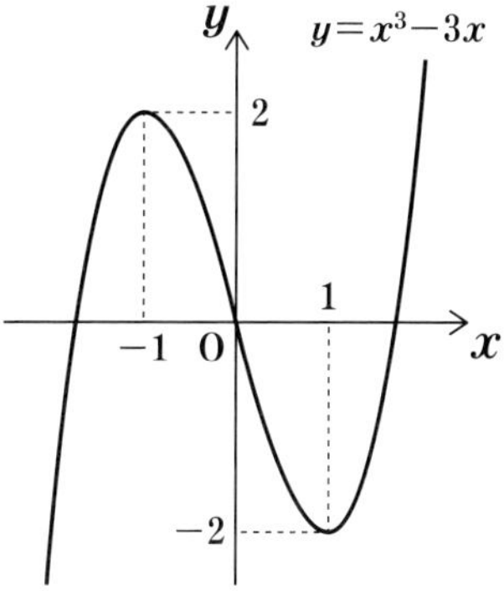

　このように導関数は関数の最大・最小値やグラフの形状を理解するために多くの情報を与えてくれるのです。

7-4 様々な微積分のテクニック

　121ページに示すように、関数 $f(x)$（導関数 $f'(x)$）と関数 $g(x)$（導関数 $g'(x)$）があった時、関数 $f(x)+g(x)$ の導関数は単純に $f'(x)+g'(x)$ と表されます。

　一方、関数の積の $f(x)g(x)$ の導関数は単純に $f'(x)g'(x)$ とはならずに下のように与えられます。これが積の微分公式です。

$$\{f(x)g(x)\}' = f'(x)g(x) + f(x)g'(x)$$

　この積の微分公式を使った例を下に示すので、感覚をつかんでください。
　例1では公式 $(x^n)' = nx^{n-1}$ で $n=6$ とした結果に一致することに注目してください。

例1　$y = x^6 = x^4 \cdot x^2$ の微分
　$f(x) = x^4$、$g(x) = x^2$ とすると、$f'(x) = 4x^3$、$g'(x) = 2x$ だから
$$\{f(x) \cdot g(x)\}' = f'(x) \cdot g(x) + f(x) \cdot g'(x)$$
$$= 4x^5 + 2x^5 = 6x^5$$

例2　$e^x \sin x$ の微分
　$f(x) = e^x$、$g(x) = \sin x$ とすると $f'(x) = e^x$、$g'(x) = \cos x$ だから
$$\{f(x) \cdot g(x)\}' = f'(x) \cdot g(x) + f(x) \cdot g'(x)$$
$$= e^x \sin x + e^x \cos x$$

　次に原始関数の求め方、すなわち不定積分を求める方法を説明します。
　関数 $f(x)$（原始関数 $F(x)$）と関数 $g(x)$（原始関数 $G(x)$）があった時、関数 $f(x)+g(x)$ の原始関数は単純に $F(x)+G(x)$ と表されます。一方、積の関数 $f(x)g(x)$ の不定積分は単純に $F(x)G(x)$ とはなりません。
　そんな積の関数 $f(x)g(x)$ の原始関数を求める時に使う方法が部分積分

です。

部分積分は積の微分公式の両辺を積分してみることによって得られます。つまり、部分積分は積の微分公式を逆に使ったものと言えます。

積の微分公式

$$\{f(x)g(x)\}' = f'(x)g(x) + f(x)g'(x)$$

積分

部分積分

$$\int f(x)g'(x)dx = f(x)g(x) - \int f'(x)g(x)dx$$

この公式を適用する例を出します。例えば、$x\sin x$という関数を積分する時には下のようになります。

$f(x) = x$、$g(x) = -\cos x$とすると、$f(x)g'(x) = x\sin x$となるから、公式より

$$\int x\sin x dx = x(-\cos x) - \int (x)'(-\cos x)dx$$

$$= -x\cos x + \int \cos x dx$$

$$= -x\cos x + \sin x + C \qquad (Cは積分定数)$$

ポイントは$f'(x)g(x)$が " $-\cos x$ " と簡単に積分できる形にすることです。ここで$f(x)$と$g'(x)$を逆にして、$f(x) = \sin x$、$g(x) = \frac{1}{2}x^2$とすると$f'(x)g(x)$が$\frac{1}{2}x^2\cos x$と最初の式より複雑な形になってしまい、簡単に積分することはできません。

次に合成関数の微分です。$y = f(u)$、$u = g(x)$という関数に対して、合成関数$f(g(x))$を考えた時、この関数を微分すると次のようになります。

$$\{f(g(x))\}' = f'(g(x))g'(x)$$

これだけでは何をしたいのかわからないかもしれません。この合成関数の微分公式は、例えば$\sin(e^x)$のような関数を微分する時に使われます。この時は$f(x) = \sin x$、$g(x) = e^x$となっているわけです。これを微分すると、下のようになります。

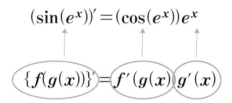

この合成関数の微分を逆に使うと、置換積分法が得られます。 つまり合成関数の微分の結果である $f'(g(x))g'(x)$の形の関数を積分すると、$f(g(x))$になるということです。

置換積分法は下のように表されます。$t = g(x)$とおいて、xからtへ変数変換をしています。難しそうに見えますが、合成関数の微分を逆に使っていることをしっかり認識しておけば読み解けるでしょう。

$$\int f'(g(x)) \cdot g'(x)dx = \int f'(t)dt$$

$$\left(\frac{dt}{dx} = g'(x) \quad \rightarrow \quad dt = g'(x)dx \right)$$

例をあげて説明します。関数$y = 2x(x^2 + 1)^3$の不定積分を求めることを考えてみましょう。

まず、大事なことは合成関数の微分の形$f'(g(x))g'(x)$の形を探すことです。

ここでは$g(x)=x^2+1$と置くと$g'(x)=2x$となります。

ですから$2x(x^2+1)^3=(g(x))^3g'(x)$と表されます。ここで$f'(t)=t^3$とおくと、$y=2x(x^2+1)^3=f'(g(x))g'(x)$と表すことができるわけです。

このことに気づけば、下のように置換積分を使って、不定積分を求められます。

$$\int 2x(x^2+1)^3\,dx=\int f'(g(x))\cdot g'(x)dx$$

$$(g(x)=x^2+1 \quad f'(t)=t^3 とする)$$

$$=\int f'(t)dt \qquad (置換積分の公式より$$

$$\int f'(g(x))\cdot g'(x)dx=\int f'(t)dt)$$

$$=\int t^3\,dt$$

$$=\frac{t^4}{4}+C \qquad (Cは積分定数)$$

$$=\frac{(x^2+1)^4}{4}+C \qquad (t=g(x)=x^2+1で変数をxに戻す)$$

この方法の中で難しいところは、$g(x)$と$f'(t)$をどう見つけるか、ということだと思います。しかし、正直に言ってこれは慣れるしかありません。ですので、置換積分は経験とひらめきが重要になる方法でもあります。

積分にはこのようなパズルのような要素がありますので、数式を積分するのを趣味のように楽しんでいる方々もいるようです。

ただし実際のところは、このようにテクニックを使って、原始関数が得られる数式はほんの一部で、ほとんどの原始関数は数式の形では得られません。ですので、数学を応用するという観点では、積分の近似値をいかに速く正確に得られるかが課題となっています。

7 – 5　積分で体積や曲線の長さも求められる

本書では「積分は面積を求める計算」と繰り返し説明しました。でも実は積分で求められるのは面積だけではありません。面積を求めることはもちろん、体積や曲線の長さを求めることもできます。ここではそれらの量を積分で計算する方法を説明します。

　求める対象は異なりますが、求める対象を計算できる要素（長方形、円柱、直線）などに分割して、分割数が無限大になる極限を求める、という手順は変わりません。
　体積や曲線を求める計算を行なう中で、このパターンに慣れてもらえれば、積分に対する理解が深まるでしょう。

　まず、体積の計算方法です。
　最初に下図のような円柱の体積であれば簡単に求められると思います。つまり、「底面積 × 高さ」の計算をしてやればよいのです。この計算で体積を厳密に求めることができます。

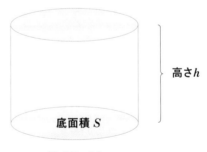

体積　Sh

　しかしながら、次ページのような図形はどうでしょうか？　この体積は簡単には計算できそうにありません。ここで「すごいかけ算」である積分の登場です。

体積?

　この立体を、体積を計算できる円柱に分解しましょう。すると、一つ一つの円柱は「底面積×高さ」で体積を求めることができます。それらを足し合わせると、求めたい立体の体積に近い値を求めることができます。

　もちろん、厳密には一致はしません。しかし、その円柱を細かくする極限を考えると、求めたい立体の体積となるのです。

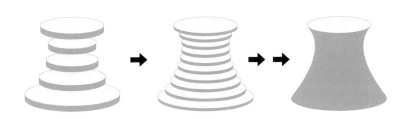

　これは、曲線で囲まれた面積を細かい長方形に分けて求めたことと同様であることが理解いただけるでしょうか。

　一般的には、ある立体の断面積を$S(x)$とすると、この立体の体積は次の式で求められます。ここでは立体をx軸に対して垂直に切った時の断面積として定義しています。

$$V = \int_a^b S(x)\,dx$$

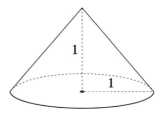

例として、下図のような円すいの体積を求めてみましょう。

この円錐はx-y平面上の$y = x(0 \leqq x \leqq 1)$の直線をx軸の周りに回転させた立体と考えることができます。ですから、座標xにおける断面積$S(x)$は$S(x) = \pi x^2$となります。これを積分すると、下のように体積を求めることができます。

$$V = \int_0^1 \pi x^2\,dx$$

$$= \left[\frac{\pi}{3}x^3\right]_0^1$$

$$= \left(\frac{\pi}{3} - 0\right) = \frac{\pi}{3}$$

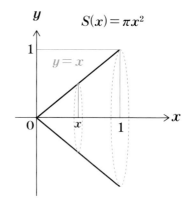

次に曲線の長さを求める方法を説明します。

　例えば、下のような直線であれば、三平方の定理を使って、正確に長さを計算することができます。

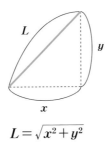

$$L = \sqrt{x^2 + y^2}$$

　しかしながら、このような曲線の場合は簡単に長さを求めることができません。

長さ？

　そこで、この曲線を直線に分割することにします。例えば3分割、6分割と分割数をどんどん増やしていけば、曲線の長さにどんどん近づいていきます。そして、分割数を無限大にする極限では、曲線の長さそのものになるのです。

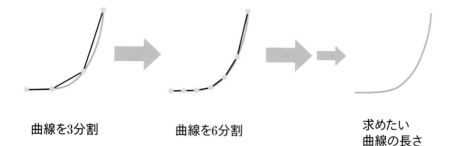

曲線を3分割   曲線を6分割   求めたい
曲線の長さ

　ここまでの考え方は面積や体積と全く同じです。ただし、曲線の長さは
この先に少しややこしい議論があります。

　この場合、直線の長さを求める積分式は$\sqrt{(dx)^2+(dy)^2}$となります。しか
し、このままだと積分ができません。ですので、下のような式変形を行な
い$f(x)dx$の形にして積分を可能にします。

$$L=\int_a^b\sqrt{(dx)^2+(dy)^2}=\int_a^b\sqrt{1+\left(\frac{dy}{dx}\right)^2}\,dx$$

　また、求める曲線の座標を$(x(t),\ y(t))$のように、媒介変数と呼ばれる変
数tを用いて表される場合、下のようにも計算できます。

$$L=\int_a^b\sqrt{(dx)^2+(dy)^2}=\int_\alpha^\beta\sqrt{\left(\frac{dx}{dt}\right)^2+\left(\frac{dy}{dt}\right)^2}\,dt$$

　媒介変数を使わない場合として、$y=f(x)$のグラフの$a\leqq x\leqq b$の曲線の
長さLは次のように求められます。

$$L = \int_a^b \sqrt{1 + \{f'(x)\}^2}\, dx$$

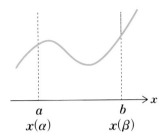

例として、下のような関数で表される曲線の長さの求め方を示しましょう。

関数 $y = f(x) = \dfrac{x^3}{3} + \dfrac{1}{4x}$ の $1 \leqq x \leqq 2$ における長さ

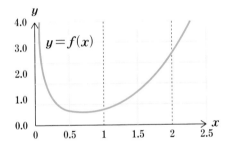

このとき $f'(x) = x^2 - \dfrac{1}{4x^2}$ となるので

$$L = \int_1^2 \sqrt{1 + \left(x^2 - \frac{1}{4x^2}\right)^2}\, dx$$

$$= \int_1^2 \sqrt{\left(x^2 + \frac{1}{4x^2}\right)^2}\, dx$$

$$= \int_1^2 \left(x^2 + \frac{1}{4x^2}\right)^2 dx$$

$$= \left[\frac{x^3}{3} - \frac{1}{4x}\right]_1^2 = \frac{59}{24}$$

　この例題では厳密に積分できて計算できますが、一般の関数では厳密にこの計算ができることはほとんどありません。

索　引

著者紹介

蔵本 貴文（くらもと・たかふみ）

関西学院大学理学部物理学科を卒業後、先端物理の実践と勉強の場を求め、大手半導体企業に就職。現在は微積分や三角関数、複素数などを駆使して、半導体素子の特性を数式で表現するモデリングという業務を専門に行なっている。また、現役エンジニアのライター、エンジニアライターとして、サイエンス・テクノロジーを中心とした書籍の執筆（自著）、ビジネス書や実用書のブックライティング（書籍の執筆協力）などの活動をしている。

【著書】『数学大百科事典 仕事で使う公式・定理・ルール127』（翔泳社）、『解析学図鑑：微分・積分から微分方程式・数値解析まで』（オーム社）、『役に立ち、美しい はじめての虚数』（ベレ出版）、『「半導体」のことが一冊でまるごとわかる』（共著、ベレ出版）がある。

◉ ── カバー・本文デザイン　松本 聖典
◉ ── DTP・本文図版　　　　あおく企画
◉ ── 本文イラスト　　　　　三枝 未央
◉ ── 校正・校閲　　　　　　小山 拓輝

意味と構造がわかる はじめての微分積分

| 2023 年 1 月 25 日 | 初版発行 |
| 2024 年 3 月 31 日 | 第 2 刷発行 |

著者	**蔵本 貴文**
発行者	内田 真介
発行・発売	ベレ出版
	〒162-0832　東京都新宿区岩戸町12 レベッカビル
	TEL.03-5225-4790　FAX.03-5225-4795
	ホームページ　https://www.beret.co.jp/
印刷	モリモト印刷株式会社
製本	根本製本株式会社

落丁本・乱丁本は小社編集部あてにお送りください。送料小社負担にてお取り替えします。
本書の無断複写は著作権法上での例外を除き禁じられています。購入者以外の第三者による本書のいかなる電子複製も一切認められておりません。

©Takafumi Kuramoto 2023. Printed in Japan

ISBN 978-4-86064-714-8 C0041　　　　　　　　編集担当　坂東一郎